"做学教一体化"课程改革系列教材

典型数控机床机械部件装配与精度检测

主　编　张　恒　彭建飞
副主编　吕　洋　付　强
参　编　韩嘉煜　徐　敏　邵　伟　王　睿
　　　　陈昌安　潘一雷　曾孙忠

机械工业出版社
CHINA MACHINE PRESS

本书以目前加工制造行业中的典型数控机床为实践对象，采用项目引领、任务驱动的编写方式，将教学内容设计为六个项目，包括认识数控机床的机械结构、数控机床主轴部件的装配与拆卸、数控机床进给传动部件的装配与调试、数控车床刀架部件的装配与拆卸、数控车床其他部件的装配与调试、数控车床精度检验与调整等内容，附录中还给出了比赛试题典型任务分析、简式数控卧式车床精度检验标准摘录和YL-5系列数控机床机械类功能部件产品。每个项目又分解为若干个任务，并按照任务引入、知识链接、任务实施、总结评价、拓展练习的顺序展开，实现了"做、学、教"一体化，具有实践性、职业性、开放性强的特点。

本书不仅可以作为三年制、五年制高职数控设备应用与维修、数控技术、机电一体化、机电设备安装与维修等专业的教学用书，也可作为企业工程技术人员提高数控机床装调与维护技能的培训教材。

为方便教学，本书配有电子课件、操作视频、演示动画等教学资源，选择本书作为教材的教师可来电（010-88379195）索取，或登录www.cmpedu.com网站注册并免费下载。

图书在版编目（CIP）数据

典型数控机床机械部件装配与精度检测/张恒，彭建飞主编. —北京：机械工业出版社，2018.7（2025.1重印）
"做学教一体化"课程改革系列教材
ISBN 978-7-111-60113-5

Ⅰ.①典… Ⅱ.①张… ②彭… Ⅲ.①数控机床-零部件-装配（机械）-教材②数控机床-零部件-精度-检测-教材 Ⅳ.①TG659

中国版本图书馆CIP数据核字（2018）第116719号

机械工业出版社（北京市百万庄大街22号 邮政编码100037）
策划编辑：赵红梅 责任编辑：赵红梅 武 晋
责任校对：刘 岚 封面设计：张 静
责任印制：常天培
固安县铭成印刷有限公司印刷
2025年1月第1版第5次印刷
184mm×260mm·8印张·186千字
标准书号：ISBN 978-7-111-60113-5
定价：27.00元

电话服务　　　　　　　　　网络服务
客服电话：010-88361066　机 工 官 网：www.cmpbook.com
　　　　　010-88379833　机 工 官 博：weibo.com/cmp1952
　　　　　010-68326294　金 书 网：www.golden-book.com
封底无防伪标均为盗版　机工教育服务网：www.cmpedu.com

中国制造 2025 宣告，中国制造业的转型升级已经处在进行时状态。它触动着各行各业的神经，也包括职业教育。

实现制造强国的战略目标，提高人才培养的质量，提升职业教育服务新产业、新业态、新商业模式、新生产生活方式的能力，是职业教育的职责，也是职业教育存在的价值。

在全球范围内，制造强国的实现路径和支撑条件各不相同，尽管传统的小作坊已被现代化的工业生产所取代，但沉淀下来的工匠精神和文化传统依旧贯穿于现代生产制造中，并应从个体化的"工匠"行为演变为群体性的制造文化，成为推动现代制造业发展的灵魂。

中国由制造大国向制造强国迈进，由传统制造向智能制造转型，将产生哪些新的职业岗位，传统的职业岗位将发生什么变化，这些职业岗位的工作任务有哪些，完成这些工作任务需要哪些知识和操作技能……职业学校在思考、探索，教育装备企业也在思考、探索。

亚龙智能装备集团股份有限公司与职业学校教师合作编写的这套教材，是现阶段思考与探索的结果。本套教材的特色是：

一、教学内容与新职业岗位或职业岗位新的工作内容对接

中国制造 2025 有多个重点领域和突破方向，教材选取了数控装备、互联网+、机器人等方向，介绍这些新技术、新知识带来的新设备、新工艺和新方法。

新设备的安装与调试、使用与维护，新工艺和新方法的应用，是行业、企业在转型和技术改造升级中的主要问题，企业急需掌握智能装备安装调试和使用维护，懂得新工艺和新方法应用的高技能人才。

不同层次的人才在职业岗位上的工作任务是不相同的。我们把初、中级技能人才在职业岗位中的工作内容、知识与技能要求，编写在中职学校的教材中；把高级人才在职业岗位中的工作内容、知识与技能要求，编写在高职院校的教材中。教材的内容不仅与新的职业岗位或主要岗位新的工作内容对接，而且层次分明、对象明确。

二、理实一体的职业教育理念

不同的职业岗位，工作的内容不同，但包括资讯、决策、计划、实施、检查、评价等在内的工作过程却是相同的。

本套教材按照工作任务的描述、相关知识的介绍、工作任务的引导、各工艺过程的检查、技术规范和标准等进行内容组织，为学生完成工作任务的决策、计划、实施、检查和评价，并在学习过程中掌握专业知识与技能提供了足够的信息；把学习过程与工作过程、学习计划与工作计划结合起来，实现教学过程与生产过程的对接，有利于解决怎样做、怎样学、怎样教的问题。

三、将培养工匠精神贯穿在教学过程中

严谨执着、精益求精、踏实专注、尊重契约、严守职业底线、严格执行工艺标准的工匠

精神，不是一朝一夕能够养成的，而是在长期的工作和学习中，通过不断地反省、改进、提升而形成的。教学过程，就是要让学生由"习惯是标准"转变为"标准是习惯"。

在完成教材设计的工作任务中，强调职业素养、强调操作的规范、强调技术标准，并按这些规范和标准评价学生完成的工作任务。

60 分可以及格，90 分可以优秀，但没有达到 100% 的要求，你就很难成为"工匠"。

四、遵循规律，循序渐进

知识的认知与掌握有自身的规律。本套教材按循序渐进的原则呈现教学内容、规划教学进程，符合职业学校学生认知和技能学习的规律。

这套教材是校企合作的产物，是亚龙与职业院校教师在我国由制造大国向制造强国迈进、由传统制造向智能制造转型过程中对职业教育思考与探索的结晶。它们需要人们的呵护、关爱、支持和帮助，才有生命力。

浙江亚龙教育装备研究院

亚龙智能装备集团股份有限公司

陈继权

浙江温州

前　言

本书以目前加工制造行业中的典型数控机床为实践对象，采用项目引领、任务驱动的编写方式，将教学内容设计为六个项目。每个项目又分解为若干个任务，并按照任务引入、知识链接、任务实施、总结评价、拓展练习的顺序展开，实现了"做、学、教"一体化。本书编写时坚持课程改革理念，努力体现以下编写特色：

（1）产教结合，人才培养紧扣产业发展。

本书是针对数控机床装调与维修人才培养而设计的项目型教材，依据典型数控机床安装与调试标准，设计典型工作任务，注重技术技能的规范性和教学项目的可操作性。

（2）企业参与课程开发，教学内容与岗位标准紧密结合。

为了体现教材内容的先进性与适用性，在将数控机床装调维修工国家职业资格标准融入教材内容的基础上，对岗位能力、工作过程进行了整合，所有任务均来自生产一线。本书既可作为三年制、五年制高职数控设备应用与维护、数控技术、机电一体化、机电设备安装与维修等专业的教学用书，也可作为企业工程技术人员提高数控机床装调与维护技能的培训用书。

（3）任务驱动，内容编排符合能力发展。

本书在任务设计中对每个工作步骤进行了具体细分，并将相关知识点渗透到技能操作过程中，内容安排由易到难、由浅入深。

（4）本书配套电子课件、动画、视频等教学资源。操作视频、演示动画以二维码清单形式提供给读者，方便扫码观看。

本书由张恒、彭建飞任主编，吕洋、付强任副主编，韩嘉煜、徐敏、邵伟、王睿、陈昌安、潘一雷、曾孙忠参与编写。具体分工如下：彭建飞编写项目一，王睿、陈昌安编写项目二，韩嘉煜、潘一雷编写项目三，邵伟、曾孙忠编写项目四，吕洋、付强编写项目五和附录C，张恒、徐敏编写项目六、附录A和附录B，全书由张恒、彭建飞统稿。

本书在编写过程中参考了大量的文献资料，在此向文献资料的作者致以诚挚的谢意。由于编者水平有限，书中难免有不妥之处，恳请广大读者批评指正。

编　者

二维码清单

资源名称	二维码	资源名称	二维码
四工位电动刀架的介绍		四工位电动刀架的安装	
四工位电动刀架的拆卸		SJ6000 激光干涉仪操作检验视频	
丝杠机构安装及精度测量		卡盘安装视频	
数控车床主轴安装动画视频		数控车床几何精度检验视频 1	
数控车床几何精度检验视频 2		数控车床结构介绍	
普通车床主轴箱拆卸		普通车床主轴箱装配	
普通车床尾座拆卸		普通车床尾座装配	
直线导轨安装及精度测量		直线导轨拆卸	
车床主轴的机械结构动画		铣床主轴拆卸与安装	

目　录

项目一

认识数控机床的机械结构

数控机床是高精度和高生产率的自动化机床，其加工过程中的动作顺序、运动部件的坐标位置及辅助功能等都是通过数字信息自动控制的，整个加工过程由数控系统通过数控程序控制机床自动完成。数控机床由数控系统、输入/输出装置、电气控制装置、伺服驱动系统及位置检测装置、机械部件等部分组成。

【设备介绍】

（1）YL-569 型数控车床实训设备：由数控车床电气系统、十字滑台、刀架等组成。设备配置刀架为四工位电动刀架，是目前数控车床的主流刀架类型。

（2）立式加工中心：基本配置为 X、Y、Z 三轴联动，主电动机为伺服电动机，可进行多种铣削、镗孔、攻螺纹和各种曲面加工。

（3）YL-557B 型数控铣床实训设备：为三轴伺服电动机，性能稳定，操作方便，精度保持性好。

（4）YL-556B 型数控车床实训设备：为高精度、高效率、高可靠性、高性价比的新一代数控车床，能自动完成内外圆、端面、台阶、槽、锥面、球面、非圆球面、螺纹等的加工。

【教学目标】

知识目标
（1）掌握数控机床主要机械结构的组成。
（2）掌握数控机床的布局。
（3）了解数控机床机械结构的特点。

技能目标
（1）能够区分典型数控机床的类型。
（2）能够区分数控机床的布局形式。
（3）能够说出数控机床主要机械结构的特点及功能。

职业素养目标
（1）学会正确观察各类数控机床的方法，在观察中时刻注意自身的安全，养成良好的安全操作习惯。
（2）掌握正确的记录和画图的方法。
（3）学会利用手机、摄像机等设备进行现场拍摄，能够进行结构分析，并做好归类、整理等工作。

任务 数控机床机械结构的特点与组成

【任务引入】

图 1-1 所示为典型数控车床的机械结构组成，包括主传动系统（主轴、主轴电动机、副主轴、C 轴控制主轴电动机等）、进给传动系统（丝杠、联轴器、导轨等）、自动换刀装置（标准刀架、VDI 刀架、动力刀架等）、液压与气动装置（液压泵、气泵、管路等）、辅助装置（自动送料机、集屑车、自定心卡盘、尾座、接触式机内对刀仪等）。这里需要说明的是：图 1-1 只是示意表示，有些列出的组成部分未在图上显示。

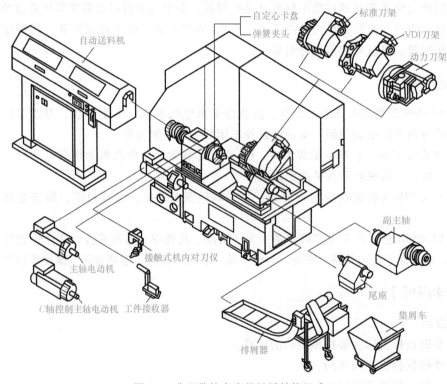

图 1-1 典型数控车床的机械结构组成

【知识链接】

一、YL-556B 型数控车床实训设备的机械结构

1. 主传动系统

主传动系统包括主轴、主轴电动机等。主传动系统的作用是将驱动装置的运动及动力传给执行件，实现主切削运动。如图 1-2 所示，数控车床的主传动系统主要由主轴电动机、传动带、主轴等组成。

2. 进给传动系统

进给传动系统包括动力源、传动件及进给运动执行件等。进给传动系统的作用是将伺服驱动装置的运动和动力传给执行件，实现进给运动。如图 1-2 所示，进给传动系统主要由 X 向、Z 向的丝杠、滑板和导轨等组成，它的作用之一是带动刀架运动。

3. 基础支承件

基础支承件包括床身、立柱、导轨、工作台等。基础支承件的作用是支承机床的各主要部件，并使它们在静止或运动中保持相对正确的位置。如图 1-2 所示，基础支承件主要是指床身、导轨等。

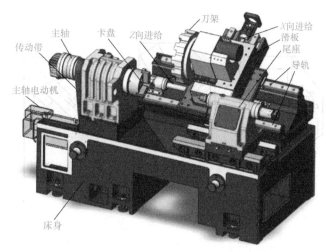

图 1-2　YL-556B 型数控车床实训设备的机械结构

4. 辅助装置

辅助装置包括液压气动系统、润滑冷却装置、卡盘等，部分数控机床还配有特殊功能装置，如刀具破损检测、精度检测和监控装置等。如图 1-2 所示，辅助装置主要由尾座、卡盘等组成。

机床基础支承件、主传动系统、进给传动系统以及液压、润滑、冷却等辅助装置是构成数控机床本体的基本部件，其他部件则按数控机床的功能和需要选用。尽管数控机床本体的基本构成与传统的机床十分相似，但由于数控机床在功能和性能上的要求与传统机床存在着巨大的差距，所以数控机床本体的总体布局、结构与传统机床有许多明显的差异，出现了许多适应数控机床功能特点的机械结构和部件。

二、数控机床最常见的三种基本类型

1. 数控车床

数控车床的主轴、尾座等部件相对于床身的布局形式与普通车床一样，但刀架和导轨的布局形式有很大的变化，而且其布局形式直接影响数控车床的使用性能及车床的外观和结构。刀架和导轨的布局应考虑车床和刀具的调整、工件的装卸、车床操作的方便性、车床的加工精度、排屑性能以及抗振性。图 1-3 所示为 YL-556B 型数控车床实训设备实物图。

数控车床床身和导轨的布局形式主要有图 1-4 所示的几种。

图 1-3　YL-556B 型数控车床实训设备实物图

3

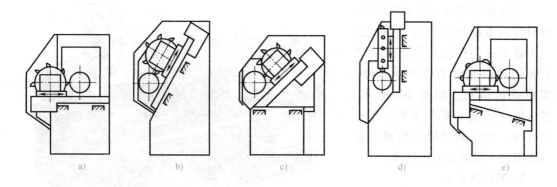

图 1-4　数控车床床身和导轨的布局形式
a）平床身　b）斜床身　c）平床身斜滑板　d）立床身　e）前斜床身平滑板

（1）平床身数控车床

优点：平床身数控车床的工艺性好，导轨面容易加工；平床身配上水平刀架，由于平床身机件及工件重量所产生的变形方向垂直向下，与刀具运动方向垂直，对加工精度影响较小；由于平床身刀架水平布置，不受刀架、滑板的自重影响，定位精度容易提高；平床身布局的机床上，大型工件和刀具装卸方便。图 1-5 所示为 YL-556A 型数控车床实训设备实物图。

缺点：平床身数控车床排屑困难，需要三面封闭，刀架水平放置也加大了机床宽度方向的结构尺寸。

（2）斜床身数控车床

优点：斜床身数控车床的观察角度好，工件调整方便，防护罩设

图 1-5　YL-556A 型数控车床实训设备实物图

计较为简单，排屑性能较好。斜床身导轨倾斜角度有 30°、45°、60° 和 75° 等，倾斜角度影响导轨的导向性、受力情况、排屑、宜人性及外形尺寸等。一般小型数控车床的床身导轨多用 30°、45° 倾斜角度，中型数控车床的床身多用 60° 倾斜角度，大型数控车床的床身多用 75° 倾斜角度。图 1-6 所示为 YL-569 型数控车床实训设备实物图。

（3）立式数控车床

导轨倾斜角度为 90° 的斜床身车床通常称为立式车床。图 1-7 所示为立式数控车床实物图。

优点：立式数控车床的排屑性能最好。

缺点：立式数控车床上工件重量所产生的变形方向与刀具的垂直运动方向相同，对精度影响最大，并且立式床身结构的车床受本身结构限制，布置也比较困难，限制了车床的性能，采用较少。

图 1-6　YL-569 型数控车床实训设备实物图

图 1-7　立式数控车床实物图

2. 数控铣床

数控铣床是一种用途广泛的机床，分为立式、卧式和立卧两用式三种结构。立卧两用式数控铣床的主轴（或工作台）方向可以更换，既可以进行立式加工，又可以进行卧式加工，其应用范围更广，功能更全。图 1-8 所示为典型数控铣床的结构图。

一般数控铣床是指规格较小的升降台式数控铣床，其工作台宽度多在 400mm 以下。规格较大的数控铣床，如工作台宽度在 500mm 以上的，其功能已向加工中心靠近，进而演变成柔性加工单元。一般情况下，在数控铣床上可加工平面曲线轮廓。对于有特殊要求的数控铣床，还可以加一个回转的 A 坐标或 C 坐标，如增加一个数控回转工作台，这时铣床的数控系统即变为四轴控制，可用来加工螺旋槽、叶片等立体曲面零件。

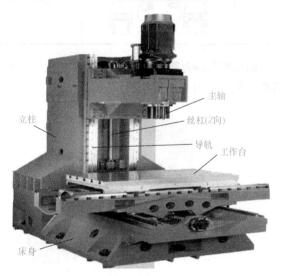

图 1-8　典型数控铣床的结构图

根据工件的重量和尺寸不同，数控铣床有四种不同的布局形式，见表 1-1。

表 1-1　数控铣床的布局形式

序号	布局形式	适用情况	运动情况
1		加工较轻工件的卧式升降台数控铣床	由工件完成三个方向的进给运动，分别由工作台、滑鞍和升降台来实现

（续）

序号	布局形式	适用情况	运动情况
2		加工较大尺寸或较重工件的立式数控铣床	与第一种布局形式相比，改由铣头带动刀具来完成垂直进给运动
3		加工重量大的工件的龙门铣床	由工作台带动工件完成一个方向的进给运动，其他两个方向的进给运动由多个刀架即铣头部件在立柱与横梁上移动来完成
4		加工更重、尺寸更大工件的重型龙门铣床	全部进给运动均由立铣头完成

图 1-9 所示为新型五面数控铣床（立卧两用）动力头的实物图，图 1-10 所示为立卧两用数控铣床动力头的实物图。

图 1-9　新型五面数控铣床动力头的实物图

图 1-10　立卧两用数控铣床动力头的实物图

3. 加工中心

加工中心是一种配有刀库并且能自动更换刀具、对工件进行多工序加工的数控机床，常见的加工中心机械结构如图 1-11 所示。加工中心按照形态不同，分为卧式加工中心、立式加工中心、五面加工中心等。

（1）卧式加工中心 卧式加工中心常采用移动立柱式、T 形床身结构。其中，一体式 T 形床身的特点是刚度和精度保持性较好，但其铸造和加工工艺性差。分离式 T 形床身的特点是铸造和加工工艺性较好，但必须在联接部位用大螺栓紧固，以保证其刚度和精度。卧式加工中心的布局形式如图 1-12 所示，常见形式共有六种。移动立柱卧式加工中心的实物如图 1-13 和图 1-14 所示。

图 1-11 常见的加工中心机械结构

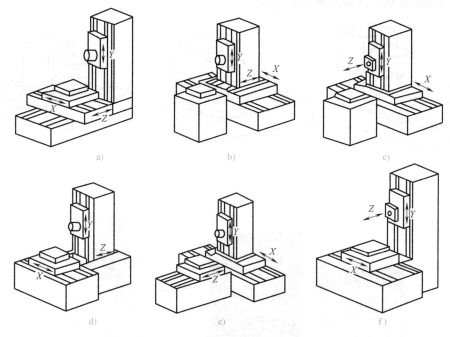

a)　　　　　　　　　　b)　　　　　　　　　　c)

d)　　　　　　　　　　e)　　　　　　　　　　f)

图 1-12 卧式加工中心布局形式

a）立柱固定，工作台沿 X、Z 向移动 b）工作台固定，立柱沿 X、Z 向移动 c）工作台固定，立柱沿 X 向移动，主轴沿 Z 向移动 d）工作台沿 X 向移动，立柱沿 Y、Z 向移动 e）工作台沿 Z 向移动，立柱沿 X、Y 向移动 f）立柱固定，工作台沿 X 向移动，主轴沿 Y、Z 向移动

（2）立式加工中心 立式加工中心的布局形式如图 1-15 所示。立式加工中心通常采用固定立柱式，主轴箱吊在立柱一侧，其平衡重锤放置在立柱中，工作台是十字滑台，可以实现 X、Y 两个坐标轴方向的移动，主轴箱沿立柱导轨运动，实现 Z 坐标轴方向的移动。图

图 1-13　移动立柱卧式加工中心（一）　　　　图 1-14　移动立柱卧式加工中心（二）

1-16所示为固定立柱立式加工中心实物图。

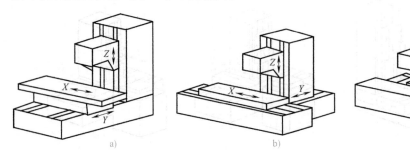

a)　　　　　　　　　b)　　　　　　　　c)

图 1-15　立式加工中心的布局形式

a）立柱固定，工作台沿 X、Y 向移动　b）立柱、工作台移动　c）工作台固定，立柱沿 X、Y 向移动

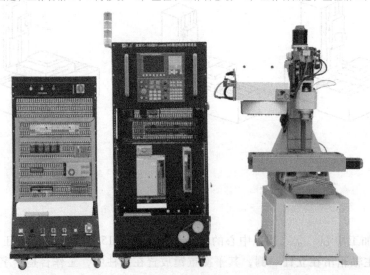

图 1-16　固定立柱立式加工中心实训设备实物图

（3）五面加工中心 五面加工中心兼有立式和卧式加工中心的功能，工件一次装夹后能完成除装夹面外的所有侧面和顶面等五个面的加工。常见的五面加工中心布局形式如图 1-17 所示，图 1-17a 所示的布局中，主轴可作 90°旋转，可以按照立式和卧式加工中心两种方式进行切削加工；图 1-17b 所示布局中，工作台可以带着工件作 90°旋转，从而完成除装夹面外的五面切削加工。

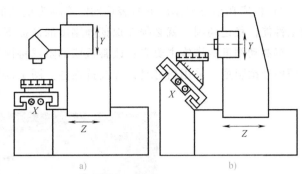

图 1-17 常见的五面加工中心布局形式
a）主轴可作 90°旋转 b）工作台带动工件作 90°旋转

三、数控机床机械结构的特点

1. 高静刚度和动刚度

1）机床在静态力作用下所表现的刚度称为机床的静刚度。提高数控机床的静刚度，将数控机床各部件产生的弹性变形控制在最小限度内，可以实现所要求的加工精度与表面质量。

提高静刚度的措施主要有：合理选择构件的结构形式；基础大件采用封闭式整体箱形结构；合理布置加强筋；提高部件之间的接触刚度；合理进行结构布局；采取补偿构件变形的结构措施。图 1-18 所示为立柱的结构形式，图 1-19 所示为加强筋的结构形式。

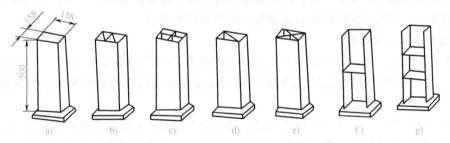

图 1-18 立柱的结构形式
a）无肋式 b）之字形肋板式 c）田字形肋板式 d）单对角肋板式
e）双对角肋板式 f）横向单层肋板式 g）横向双层肋板式

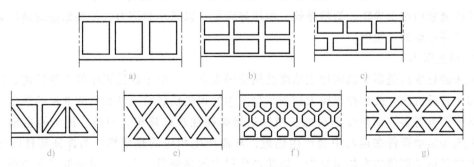

图 1-19 加强筋的结构形式
a）单排方孔式 b）双排直列方孔式 c）双排错列方孔式 d）人字梁式
e）X 结构形式 f）多边形孔式 g）三角形孔式

2）机床在动态力作用下所表现的刚度称为机床的动刚度。要充分发挥数控机床的高效加工性能，稳定切削，就必须在保证静刚度的前提下，提高数控机床的动刚度。

提高动刚度的措施主要有：改善机床的阻尼特性；床身表面喷涂阻尼涂层；充分利用结合面的摩擦阻尼；采用新材料；提高抗振性。图 1-20 所示为人造大理石床身。

图 1-20 人造大理石床身

2. 高抗振性

数控机床的一些运动部件，除具有高刚度、高灵敏度外，还具有高抗振性，即在高速重切削情况下减少振动，以保证加工零件的高精度和高的表面质量。切削过程的振动不仅直接影响零件的加工精度和表面质量，还会降低刀具的使用寿命，影响生产率，特别要注意避免切削时的谐振，因此对数控机床的动态特性提出更高的要求。

3. 高精度和高灵敏度

由于数控机床工作台（或滑板）的位移量是以脉冲当量为最小单位的，一般为 0.001～0.01mm，故要求运动件能实现微量精确位移，以提高运动精度和定位精度，提高低速运动的平稳性。

减小运动件质量，可减小运动件的静、动摩擦力之差；采取低摩擦因数的传动元件，如采用滚动导轨或静压导轨，减小摩擦副之间的摩擦力，避免低速爬行现象，可使加工中心的运动平稳性和定位精度都有所提高；工作台、刀架等部件的移动由交流或直流伺服电动机驱动，经滚珠丝杠传动，减少了进给系统所需要的驱动力矩，提高了定位精度和运动平稳性。导轨部件通常用滚动导轨、塑料导轨、静压导轨等，以减小摩擦力，使其低速运动时无爬行现象，提高运动的灵敏度。

4. 热变形小

机床的热变形是影响机床加工精度的重要因素之一。由于数控机床的主轴转速、进给速度远高于普通机床，故数控机床大切削用量产生的炽热切屑对工件和机床部件的热传导比普通机床要严重得多，而热变形对加工精度的影响往往难以修正。同时，机床的主轴、工作台、刀架等运动部件在运动中会产生热量，从而产生相应的热变形。为保证部件的运动精度，要求各运动部件的发热量要少，以防产生过大的热变形。为此，可采取以下措施：对热源进行强制冷却，如图 1-21 所示，包括风冷和油冷；采用热对称结构，如图 1-22 所示并改善主轴轴承、滚珠丝杠副、高速运动导轨副的摩擦特性。

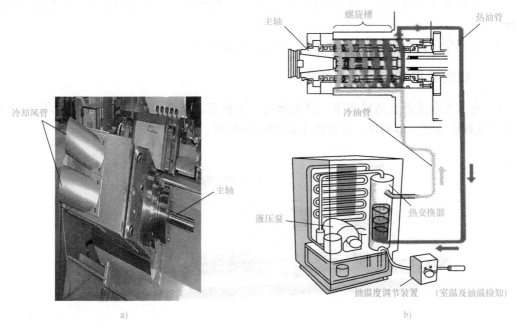

a)   b)

图 1-21 对机床热源进行强制冷却

a) 风冷 b) 油冷

图 1-22 热对称结构

【任务实施】

操作提示

1) 观察数控车床、数控铣床、加工中心的机械结构, 检查机床机械部件时遵循操作规程, 确保人身安全。

2）观察机床运动过程，由专人操作，服从指导教师管理，可拍摄视频，以便同学之间交流。

3）认真学习数控机床安全操作规程（见拓展知识）。

一、观察数控车床的机械结构

1）在数控车床静止的状态下，找出床身、主轴箱、卡盘、溜板箱、刀架、尾座、CNC 装置（或数控装置）等部件，并在图 1-23 中正确填写。

图 1-23　数控车床

2）通电起动机床，由实习指导教师在确保安全状态下，运转机床，在手动模式下起动主轴，实现主轴的变速及换向；实现滑板沿 Z 轴和 X 轴正负两个方向的运动；实现刀架的换刀动作。

二、观察数控铣床的机械结构

1）在数控铣床静止的状态下，找出床身、立柱、主轴、导轨、丝杠、工作台等这些大的部件，可以尝试实现主轴上的手动换刀操作。请在图 1-24 中填写相应的部件名称。

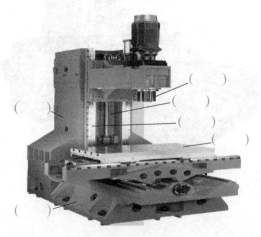

图 1-24　数控铣床

2）通电起动机床，注意安全。由实习指导教师在确保安全状态下，运转机床，在手动模式下起动主轴，实现主轴的变速及换向；实现工作台沿 X 轴、Y 轴和 Z 轴的正负方向的运动。

三、观察加工中心的机械结构

1）在加工中心静止的状态下，找出主轴单元、机械手、刀库、滚珠丝杠副、机床操作面板、回转工作台等这些大的部件，并在图 1-25 中填写相应的部件名称。

图 1-25　加工中心

2）通电起动机床，由实习指导教师在确保安全状态下，运转机床，在手动模式下起动主轴，实现主轴的变速及换向；实现工作台沿 X 轴、Y 轴和 Z 轴的正负方向的运动，实现主轴上换刀、刀库装刀的操作。

四、认识数控机床典型部件

根据表 1-2 中的图，指出数控机床部件名称及基本功能。

表 1-2　数控机床典型部件名称及基本功能

序号	图　　示	名称	基本功能
1	（　　　）		

（续）

序号	图　示	名称	基本功能
2	 （　　）		
3	 （　　）		
4	 （　　）		
5	 （　　）		
6	 （　　）		

【总结评价】

根据表1-3总结评价内容对任务实施及职业素养养成情况进行综合评价。

表 1-3　总结评价内容

评价项目	内容	评价标准	学生评价		教师评价
			自评	互评	
任务实施	数控车床机械结构认识	能正确识别基础部件,记录各部件的功能;分别在静止和运行模式下,仔细观察各类运动功能,完成工件的常规检测			
	数控铣床机械结构认识	能正确识别基础部件,记录各部件的功能;分别在静止和运行模式下,仔细观察各类运动功能,完成工件的常规检测			
	加工中心机械结构认识	能正确识别基础部件,记录各部件的功能;分别在静止和运行模式下,仔细观察各类运动功能,完成工件的常规检测			
职业素养	安全操作	规范穿戴工作服、工作帽,观察角度、观察方法正确			
	管理规范	任务实施过程中按照5S(整理、整顿、清洁、清扫、素养)管理规范执行,仪器、器件、工具摆放合理,任务完成后工位保持整洁			

【拓展练习】

1. 数控车床的床身和导轨的布局主要有哪几种形式?

2. 数控机床机械结构的特点主要表现在哪几个方面?

3. 加工中心机械结构主要包括哪几个部分?

【知识拓展】

数控车床安全操作规程

1)任何人员使用该设备及相应工具、量具等,必须服从所在车间主管人员的管理。未经主管人员允许,不得随意开动机床。

2)实习学生必须服从指导教师的安排。任何人使用本机床时,必须遵守本操作规程。在工厂内禁止大声喧哗、嬉戏追逐;禁止吸烟;禁止从事未经指导教师同意的工作,不得随意触摸、起动各种开关。

3)操作机床时为了安全起见,穿着要合适,不得穿短裤,不得穿拖鞋;女同学禁止穿裙子,长头发要盘在帽子里;操作机床时,禁止戴手套,不能穿着过于宽松的衣服。

4)装夹、测量工件时要停机进行。

5）使用机床前必须先检查电源连接线、控制线及电源。不得欠（过）电压、缺相、频率不符。

6）在运行机床进行加工前，首先检查工件、刀具有无稳固锁紧，确认操作的安全性。手动操作时，设置刀架移动速度宜在1500mm/min以内，增量值应设置在50mm以内。一边按键，一边要注意刀架移动的情况。

7）禁止随意改变机床内部设置。

8）机床工作时，操作者不能离开车床，当程序出错或机床性能不稳定时，应立即关机，请示指导教师，消除故障后方能重新开机操作。

9）开动车床后应关闭保护罩，以免发生意外事故。主轴未完全停止前，禁止触摸工件、刀具或主轴。触摸工件、刀具或主轴时要注意是否烫手，小心被灼伤。

10）在操作范围内，应把刀具、工具、量具、材料等物品放在工作台上，机床上不应放任何杂物。

11）手潮湿时勿触摸任何开关或按钮，手上有油污时禁止操作控制面板。

12）操作控制面板上的各种功能按钮时，一定要辨别清楚并确认无误后进行。不要盲目操作。在关机前应关闭机床面板上的各功能开关（如转速开关、转向开关）。

13）机床出现故障时，应立即切断电源，并立即报告指导教师，勿带故障操作和擅自处理。现场指导教师应做好相关记录。

14）在机床实际操作时，只允许一名操作员单独操作，其余非操作人员应离开工作区。实际操作时，同组同学要注意工作环境，互相关照，互相提醒，防止发生人员或设备的安全事故。

15）任何人在使用设备后，都应把刀具、工具、量具、材料等物品整理好，并做好设备清洁和日常设备维护工作。

16）要保持工作环境的清洁，每天实习结束前15min要清理工作场所，并且做好当天的设备检查记录。

17）任何人员违反上述规定，指导教师有权停止其操作并做出处罚。

18）做好当天的设备点检记录。

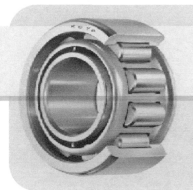

项目二

数控机床主轴部件的装配与拆卸

数控机床的主运动是机床的成形运动之一，主传动系统的精度决定了零件的加工精度。与普通机床相比，数控机床加工精度高、加工柔性好、自动化程度高。数控机床的主传动系统具有以下特点。

1. 转速高、功率大

数控机床的主轴系统具有转速高、功率大的特点，能进行大功率、高速切削，实现高效率加工。

2. 变速范围宽

数控机床的主轴系统具有较宽的调速范围，保证加工时能选用合理的切削速度，满足不同的加工要求，使生产率最大化，获得高加工精度。

3. 能实现快速、可靠的无级变速

由于交流伺服主轴电动机的调速系统日趋完善，缩短了主轴传动链，使累积误差减小；而且由于中间传递环节的减少，提高了变速的可靠性。

4. 传动精度高、传动平稳且噪声低

数控机床加工精度的提高，与主传动系统具有较高的精度密切相关。可以采用高精度的主轴部件，以及通过增加齿轮齿面的耐磨性来提高传动部件的制造精度和刚度；采用精度高的轴承及合理的支承跨距等，可以提高主轴组件的刚度。

5. 具有良好的耐磨性和热稳定性

耐磨性好有利于长期保证传动系统精度，因此凡有机械摩擦的部位都要保证足够的刚度和良好的润滑性。主传动系统的发热会使零部件产生热变形，降低传动效率，破坏零部件之间的相对位置精度和运动精度，造成加工误差。因此，主轴部件的热稳定性要好。

6. 能实现刀具的迅速更换或装卸

可以实现多工序加工的数控机床，工序变换时刀具也要更换。部分数控机床主轴上具有特殊的刀具安装结构，能实现刀具的自动更换或装卸。

【设备介绍】

YL-569 型数控车床实训设备由数控车床电气系统、数控车床本体等组成，可进行数控车床的安装调试、参数设置、数据备份、PMC 编程、故障诊断与维修、数控加工与编程、数控车床机械部件拆装与调整、数控车床装调与维修工职业技能鉴定等多种项目的实训教学。

【教学目标】

知识目标

（1）了解数控机床主传动系统的特点。

（2）了解主轴端部结构的类型。

（3）掌握主轴机械结构各部分的基本用途及工作原理。

（4）掌握主轴部件的润滑类型和密封类型。

（5）熟悉轴类零件图。

技能目标

（1）能熟练进行主轴部件的装配与拆卸。

（2）能对主轴轴承进行维护和保养。

（3）装配完成后能正确完成主轴的检测与调试。

职业素养目标

（1）规范使用检测工具、量具和设备。

（2）操作时爱护工具，注意设备使用安全及人身安全。

任务一　认识数控机床主轴部件

【任务引入】

主轴部件由主轴、主轴支承、安装在主轴上的传动件和密封件等组成。主轴部件是数控机床上的重要部件之一，是影响机床加工精度的主要部件。本任务从认识主轴部件的结构出发，通过分析轴零件图的规范和技术要求，具体介绍了主轴部件的结构和基本的维护保养。

【知识链接】

一、主轴部件的结构

主轴部件的回转精度影响工件的加工精度，其功率大小与回转速度影响加工效率。因此，主轴部件必须具有高的旋转精度、刚度、抗振性和热稳定性。

1. 主轴端部结构

主轴的轴端用于安装刀具和夹具，数控机床主轴端部的结构对工件或刀具的定位、安装、拆卸以及夹紧的准确、牢固、方便和可靠性有很大的影响。部分典型数控机床的主轴端部结构如图 2-1 所示。

其中，图 2-1a 所示为数控车床主轴端部，采用的是圆锥法兰盘式。这种结构有很高的定心精度，主轴的悬伸长度短，大大提高了主轴的刚度。图 2-1b 所示为数控铣、镗类机床的主轴端部，前端 7∶24 的大锥度锥柄，既利于定心，也便于刀具拆卸。图 2-1c 所示为数控外圆磨床砂轮主轴端部。

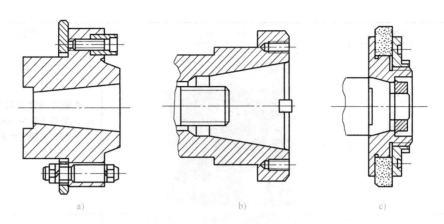

图 2-1　部分典型数控机床的主轴端部结构

a）数控车床主轴端部　b）数控铣、镗类机床的主轴端部　c）数控外圆磨床砂轮主轴端部

2. 主轴部件的机械结构

主轴是主轴部件的重要组成部分，其结构尺寸、形状、制造精度、材料及热处理，对主轴部件的工作性能都有很大的影响。主轴结构随主传动系统的不同而有各种形式。

在数控车床上，因为主轴两端安装有结构笨重的卡盘，所以对主轴刚度要求较高，并要求设计合理的联接端，以改善卡盘与主轴端部的连接刚度。图 2-2 所示为数控车床上典型的主轴部件机械结构。

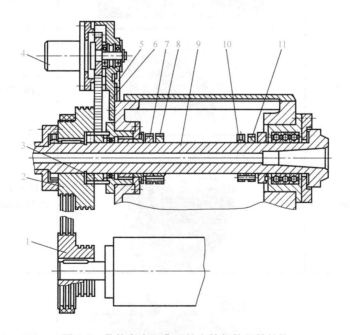

图 2-2　数控车床上典型的主轴部件机械结构

1、2—带轮　3、7、11—螺母　4—脉冲发生器　5—螺钉　6—支架　8、10—锁紧螺母　9—主轴

主轴部件是机床的一个关键部件，其组成及各组成部分的作用见表 2-1。

表 2-1　主轴部件组成及其作用

序号	名称	图　示	作用
1	主轴箱		主轴箱通常用铸铁铸造而成,主要用于安装主轴零件、主轴电动机、主轴润滑系统等
2	主轴本体		主轴是主传动系统最重要的零件,主轴材料的选择主要依据刚度、载荷特点、耐磨性和热处理变形等因素确定
3	轴承		轴承用于支承主轴
4	同步带轮		固定在主轴上,与同步带啮合传动,带动主轴
5	同步带		同步带与同步带轮啮合传动,将主轴电动机传递给主轴
6	主轴电动机		主轴电动机是机床加工的动力源

根据图 2-2 所示，主轴部件的基本工作原理可概括如下：

交流主轴电动机通过带轮 1、2 及相应传动带把动力传给主轴 9，主轴有前后两个支承。前支承为三个角接触球轴承，前面两个大口向外（朝向主轴前端），另外一个大口向里（朝向主轴后端），形成背靠背组合形式。轴承用螺母 11 来预紧，预紧量在轴承制造时已调好。后支承为双列圆柱滚子轴承，由螺母 3、7 来调整其径向间隙。锁紧螺母 8、10 用来防止螺母 7、11 的松动，通过螺母 7、锁紧螺母 8、锁紧螺母 10 和螺母 11 之间端面上的圆柱销来实现锁紧。主轴脉冲发生器 4 由主轴通过一对带轮和同步带带动，与主轴同步运转，同步带的松紧由螺钉 5 调节。调节时，先将机床上固定脉冲发生器支架 6 的螺钉拧松，再进行调整，调好后，再将支架紧固。

二、轴零件图分析

轴零件图是制造和检验轴的依据，是反映轴的结构、大小及技术要求的载体。了解和绘制轴零件图的目的就是掌握轴的尺寸和技术要求，获得应有的加工精度，保证轴与轴上其他零件更好地配合。

1. 结构特点

轴一般由同一轴线、不同直径的若干回转体组成，如图 2-3 所示的阶梯轴。由图可见，该阶梯轴基本上由位于同一根轴线上的数段直径不同的圆柱体组成。根据设计、安装和加工等要求，轴上常加工出键槽、退刀槽、螺纹、销孔、中心孔、倒角和圆角等结构。

2. 表达方式

1）轴类零件大多在车床上加工，所以应按加工位置和反映形状特征的方向确定主视图。表达时，一般沿轴线水平放置，用一个基本视图来表达轴的主体结构。

2）零件上的局部结构，如键槽、退刀槽和中心孔等，可采用剖视图、断面图、局部视图、局部放大图等进行表示。对形状简单且较长的轴段，常采用断裂画法表示，如图 2-3 所示。

3. 尺寸标注

1）轴类零件有径向尺寸和轴向尺寸。径向尺寸的主要基准为轴线；轴向尺寸的基准一般选取重要的定位面（如图 2-3 中的 ϕ35k6 处的轴肩定位面）或端面。

2）重要尺寸一定要直接标注出来，如安装 V 带轮、刀盘和滚动轴承的轴向尺寸 55、$32_{-0.2}^{0}$、23 等。其他尺寸为了方便测量，一般都按加工顺序标注。

3）轴类零件上的标准结构（如倒角、退刀槽、越程槽、键槽等）很多，其尺寸应查阅相应的国家标准，按规定注出。

4. 技术要求

1）极限与配合及表面粗糙度：对有配合要求的表面，其尺寸精度、表面粗糙度要求较严。如图 2-3 所示，与带毂零件、滚动轴承相配合的轴颈公差带代号分别为 k7 和 k6，其表面粗糙度的上限值分别取 $Ra3.2\mu m$ 和 $Ra1.6\mu m$。

对轴向尺寸的精度，凡与其他零件有装配关系的轴段，其长度尺寸要给出极限偏差，如 $196_{-0.03}^{0}$、$32_{-0.2}^{0}$。作为轴向定位的轴肩，其表面粗糙度的上限值取 $Ra6.3\mu m$。键槽两侧面的表面粗糙度上限值取 $Ra3.2\mu m$。

2）几何公差：对有配合要求的表面和重要的端面，应有几何公差要求，如圆度、圆柱

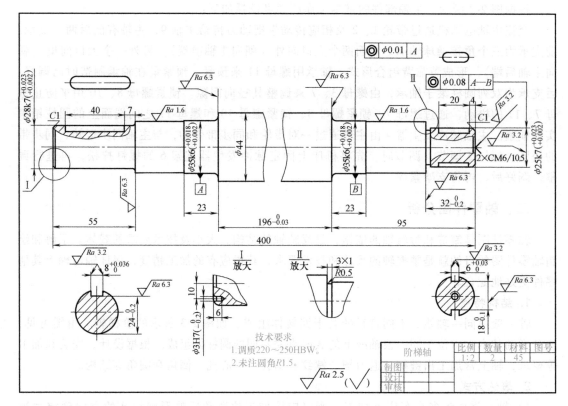

图 2-3　阶梯轴

度、同轴度、圆跳动、对称度等。在图 2-3 中，对 $\phi35$ 的轴线提出 $\phi0.01$mm 的同轴度公差要求，对 $\phi25$k7 轴线提出 $\phi0.008$mm 的同轴度公差要求。

3）热处理：为了提高轴的强度和韧性，常对轴类零件进行调质处理。对轴上与其他零件有相对运动的部分，一般是装配轴承的轴颈处，为了提高其硬度、增加耐磨性，需要进行表面淬火、渗碳、渗氮等热处理。

三、主轴部件的润滑与密封

1. 主轴部件的润滑

对主轴进行润滑可以控制温升，减小热变形影响，延长轴承的使用寿命。常见的主轴轴承润滑方式有油液循环润滑和油脂润滑。为了适应主轴转速向高速发展的需要，又相继开发出了新的润滑方式，如油气润滑和喷注润滑。新型润滑方式不仅可以减小轴承温升，还可以减小轴承内外圈的温差，确保主轴热变形小。

1）油液循环润滑。油液循环润滑是用液压泵供油进行强力润滑，同时具有冷却作用，油液容易过滤，清洁度好，能保证充分而均匀地输出润滑油，是一种比较完整的润滑方法。该方法适用于高速、重载主轴部件，润滑油常用 L-AN46 或 L-AN68 全损耗系统用油。

2）油脂润滑。近年来部分数控机床的主轴轴承采用高级油脂润滑，每用油脂润滑一次可以使用 7～10 年，成本降低，并且维护保养简单。但需防止润滑油和油脂混合，故通常采用迷宫式密封方式。

3）油气润滑。油气润滑方式近似于油雾润滑方式，通过专门雾化系统形成油雾。所不同的是，油气润滑是定时定量地把油雾送进轴承空隙中，这样既实现了油雾润滑，又不至于油雾太多而污染周围空气；而油雾润滑则是连续供给油雾。油气润滑需要专业设备，价格较高，适用于高速主轴。在40℃时油的黏度为 $(18\sim37)\times10^{-6}m^2/s$。

4）喷注润滑。润滑时，轴承周围安装 3~4 个喷嘴，将压力为 0.4MPa 的油液注射到保持架与轴承圈空隙中，即用较大流量的恒温油（每个轴承 3~4L/min）周期性喷注到主轴轴承上。但需特别指出，较大流量喷注的油，不是自然回流，而需用排油泵强制排油；同时，采用专门高精度、大容量恒温油箱，油温变动控制在 ±0.5℃ 范围内。喷注润滑的设备复杂，成本更高，因此该方法特别适用于转速极高的主轴。在40℃时油的黏度为 $(8\sim15)\times10^{-6}m^2/s$。静压滑动轴承则采用油液循环润滑方式，可用 L-AN15 或 L-AN32 全损耗系统用油。

2. 主轴部件的密封

主轴部件的密封有非接触式密封和接触式密封两种方式。非接触式密封就是密封件与其相对运动的零件不接触且有适当间隙的密封，间隙以尽可能小为佳。这种形式的密封在工作中几乎不产生摩擦热，没有磨损，特别适用于高速和高温场合。非接触式密封常用的有间隙式密封、离心式密封和迷宫式密封，如图 2-4a、b、c 所示。

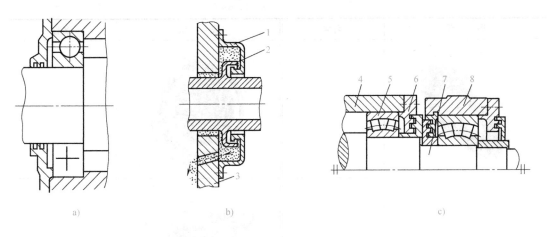

a)　　　　　　　　b)　　　　　　　　c)

图 2-4　非接触式密封
a）间隙式密封　b）离心式密封　c）迷宫式密封

1—密封盖　2—离心甩油盘　3—机器壳体　4—动颚　5—动颚轴承　6—迷宫密封　7—轴　8—机架

接触式密封就是密封件与其相对运动的零件相接触且没有间隙的密封。这种密封由于密封件与配合件直接接触，在工作中摩擦较大，发热量也大，易造成润滑不良、接触面易磨损，从而导致密封效果与性能下降。因此，它只适用于中、低速的工作条件。接触式密封常用的有毛毡圈密封和唇形圈密封，如图 2-5a、b 所示。

在密封件中，被密封的介质往往是以渗透或者扩散的形式越界泄漏到密封连接处，造成这种情况的基本原因是流体从密封面上的间隙中溢出，或是由于密封部件内外两侧密封介质的压力差或者浓度差，致使流体向压力或者浓度低的一侧流动。

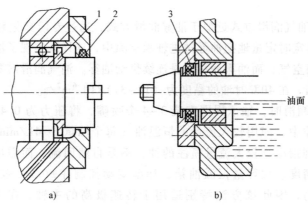

图 2-5　接触式密封
a）毛毡圈密封　b）唇形圈密封
1—甩油环　2—毛毡圈　3—耐油橡胶密封圈

【任务实施】

一、认识主轴部件，在表 2-2 中填写各零部件名称。

表 2-2　主轴各零部件及其名称

图　示	名称	图　示	名称

二、读懂图 2-6 所示传动盘轴测图，然后绘制其二维零件图，找出错误之处并进行改正。

三、根据表 2-3 所列的主轴部件维护内容完成相应维护。以一周七天作为一个维护周期，每天维护，并且填写好表格。

图 2-6　传动盘轴测图

表 2-3　主轴部件维护内容

序号	内容	一	二	三	四	五	六	七
1	检查润滑是否正常							
2	冷却过滤有无堵塞							
3	主轴孔内有无切屑							
4	机床罩壳及周围场地							

【总结评价】

请根据表 2-4 总结评价内容对任务实施及职业素养养成情况进行综合评价。

表 2-4　总结评价内容

评价项目	内容	评价标准	学生评价		教师评价
			自评	互评	
任务实施	绘制主轴零件图	按照主轴上键槽、孔等部位的精度要求,规范绘制主轴零件图			
	主轴结构认识	熟练掌握典型数控机床的主轴结构			
	主轴部件的维护保养	能对典型机床主轴部件进行基本的维护和保养			
职业素养	安全操作	规范穿戴工作服和工作帽,合理进行主轴部件的维护			
	管理规范	任务实施过程中按照 5S(整理、整顿、清洁、清扫、素养)管理规范执行,仪器、器件、工具摆放合理,任务完成后工位保持整洁			

【拓展练习】

1. 对于不同的数控机床,主轴端部的结构有哪些不同？为什么？

2. 思考在机床主轴部件中哪些结构会影响机床的加工精度。

【任务引入】

数控车床的主传动系统主要包括主轴箱、主轴头、主轴本体、主轴轴承等，其中主轴轴承是主轴部件的重要组成部分，它的精度、装配与调整、润滑和冷却都直接影响主轴部件的工作性能。因此，主轴的装配与调整是数控机床装配与调试环节中十分重要的部分。

【知识链接】

一、主轴轴承

主轴轴承是主轴部件的重要组成部分，在数控机床上常用的主轴轴承有滚动轴承和滑动轴承。

1. 滚动轴承

滚动轴承摩擦阻力小，通过预紧，润滑、维护简单，能在一定的转速范围和载荷变动范围内稳定地工作。滚动轴承由专业公司生产，选购维修方便，广泛应用于数控机床上。滚动轴承根据滚动体的结构分为球轴承、圆柱滚子轴承、圆锥滚子轴承三大类。

数控机床主轴常用滚动轴承的实物图及结构图如图 2-7 所示。

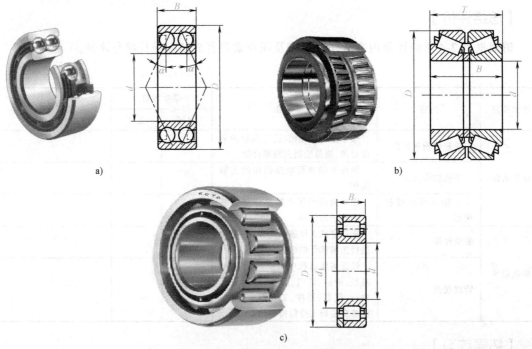

a)　　　　　　　　　　　　　　　　　　　b)

c)

图 2-7　常用滚动轴承实物图及结构图

a) 双列角接触球轴承　b) 双列圆锥滚子轴承　c) 圆柱滚子轴承

2. 滑动轴承

数控机床上最常使用的是静压滑动轴承。静压滑动轴承的油膜压力是由液压缸从外界供给的，与主轴转与不转、转速的高低无关（忽略旋转时的动压效应）。静压滑动轴承的承载能力不随转速而变化，而且无磨损，起动和运转时摩擦阻力力矩相同，所以刚度大、回转精度高，但它需要一套液压装置，成本较高。

静压滑动轴承装置主要由供油系统、节流器和轴承等部件组成。图 2-8 所示为静压滑动轴承的实际应用和结构原理。

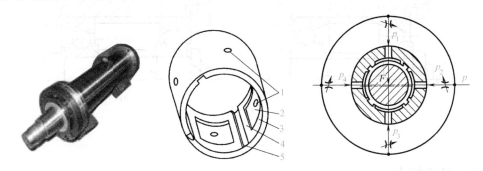

图 2-8 静压滑动轴承的实际应用和结构原理

1—进油孔　2—油腔　3—轴向封油面　4—周向封油面　5—回油槽

二、主轴滚动轴承的预紧

轴承预紧，就是使轴承滚道预先承受一定的载荷，这不仅能消除间隙，还使滚动体与滚道之间发生一定的变形，从而使接触面积增大，轴承受力时变形减小，抵抗变形的能力增大。因此，对主轴滚动轴承进行预紧和合理选择预紧量，可以提高主轴部件的旋转精度、刚度和抗振性。在装配机床主轴部件时对轴承进行预紧，使用一段时间以后，间隙或过盈发生变化，还得重新调整，所以要求预紧结构便于进行调整。滚动轴承间隙的调整和预紧，通常是使轴承内、外圈做相对轴向移动来实现。常用的方法有以下几种：

1. 移动轴承内圈

用螺母通过套筒推动内圈在锥形轴颈上滑动，使内圈变大膨胀，在滚道上产生过盈，从而达到预紧的目的，如图 2-9 所示。

2. 修磨轴承内圈（外圈）或使用隔套

图 2-10a 所示为轴承外圈宽边相对（背对背）安装，这时可修磨轴承内圈的内侧；图

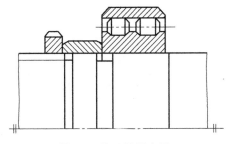

图 2-9 移动轴承内圈

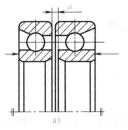
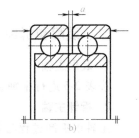

图 2-10 通过修磨轴承内圈或外圈进行预紧

a) 修磨内圈　b) 修磨外圈

2-10b 所示为轴承外圈窄边相对（面对面）安装，这时可修磨轴承外圈的窄边。安装后用螺母或法兰盖将两个轴承轴向压拢，使两个修磨过的端面贴紧，这样在两个轴承的滚道之间产生预紧。

另一种方法是将两个厚度不同的隔套放在两轴承内、外圈之前，同样可以将两个轴承轴向相对压紧，使滚道之间产生预紧，如图 2-11 所示。

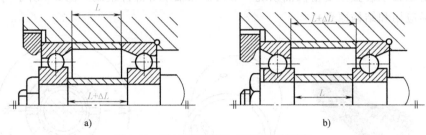

图 2-11　通过安装隔套对轴承进行预紧

a）内隔套大于外隔套　b）外隔套大于内隔套

【任务实施】

一、准备主轴拆装工具

准备铜棒、橡胶锤、长铝棒、套筒扳手、撬杠、活扳手、内六角扳手等，如图 2-12 所示。

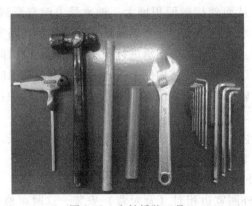

图 2-12　主轴拆装工具

二、装配和拆卸主轴

1. 装配主轴

按表 2-5 进行主轴装配。

2. 拆卸主轴

主轴的拆卸过程与装配过程相反，步骤如下：

1）拆卸传动带和同步带轮。

2）用内六角扳手旋开盖板后，取下锁紧螺母和垫圈。

表 2-5　主轴的装配过程

步骤	说　明	图　示	注意事项
1	依次装上主轴头部盖板和垫圈		安装顺序与正反方向是否正确
2	装入圆柱滚子轴承		润滑脂涂抹均匀，装入轴承
3	依次装入两个角接触球轴承		外圈宽边相对
4	装入前轴承套		
5	旋入锁紧螺母		旋入并锁紧

（续）

步骤	说　明	图　　示	注意事项
6	将装好轴承的主轴本体装入轴承座中		因主轴本体较重，需两人配合安装，注意操作安全
7	主轴后端装入圆柱滚子轴承		慢慢装入轴承，以免轴承损坏
8	装入端盖		清理表面后装入
9	嵌入垫圈		
10	旋入锁紧螺母并嵌入键		

（续）

步骤	说　明	图　示	注意事项
11	装入带轮		边安装边拨动带轮旋转，按照旋转方向装入传动带
12	主轴前端装好法兰盘和卡盘		两人配合操作，注意人身安全和机床的安全

3）选择适当的内六角扳手拆卸卡盘及法兰盘。

4）松下盖板上的固定螺母后，把主轴从轴承座上取下。

5）在取下主轴的过程中依次取下主轴前端的轴承和后端的轴承。

6）全部零部件取下后进行清洗和上润滑脂。

【操作提示】

1）拆卸卡盘和法兰盘时，注意在主轴中插入一根铜棒，以免砸到床身上而造成机床损坏。

2）拆下的轴承、螺母等零件，应按顺序依次摆放整齐，并进行编号，以便装配时使用。

3）装配和拆卸零件时，应适当用铜棒轻轻敲击拆卸或装配困难的部分。当拆不下或装不上时不要强行安装，应分析原因后再进行拆装。

4）在拆卸过程中拍摄一些关键结构处的照片，防止装配时出现安装不到位的现象。

5）拆卸和装配结束后，清理机床并收拾好使用过的工具。

【总结评价】

请根据表 2-6 总结评价内容对任务实施及职业素养养成情况进行综合评价。

表 2-6　总结评价内容

评价项目	内容	评价标准	学生评价		教师评价
			自评	互评	
任务实施	拆卸同步带轮	正确进行同步带轮的拆卸，拆下零件应摆放整齐			

（续）

评价项目	内容	评价标准	学生评价		教师评价
			自评	互评	
任务实施	拆卸卡盘和法兰盘	正确进行卡盘和法兰盘的拆卸，拆下零件应摆放整齐			
	拆卸轴承	能正确进行轴承的拆卸和装配操作，感受轴承的转动过程			
职业素养	安全操作	规范穿戴工作服、工作帽，合理使用拆装工具			
	管理规范	任务实施过程中按照5S（整理、整顿、清洁、清扫、素养）管理规范执行，仪器、器件、工具摆放合理，任务完成后工位保持整洁			

【拓展练习】

1. 主轴常用滚动轴承的类型有哪几种？它们的结构特点是怎样的？

2. 在本任务中，轴承在装配时为什么采用外圈宽边相对（背对背）的形式安装？

项目三
数控机床进给传动部件的装配与调试

数控机床进给传动系统的功能是将电动机的旋转运动转化成工作台或刀架的直线运动，这个过程主要通过导轨、滚珠丝杠副等进给传动部件完成。进给传动部件的传动精度、稳定性、灵敏度等都会直接影响工件的加工精度。数控机床的进给传动要求平稳、定位快速准确。为了减小运动中的摩擦阻力，数控机床普遍采用直线滚动导轨、滚珠丝杠副、贴塑导轨等传动部件。导轨、滚珠丝杠副自身的结构和性能会影响机床进给系统的传动刚度和精度，最终影响工件的加工质量。

为了保证进给传动部件的传动精度和稳定性，维修人员首先必须掌握机床导轨、滚珠丝杠副的结构、工作原理和安装方法，同时掌握常用检测工具和量具的使用方法，对各检测要点进行精度检测；其次，掌握导轨、滚珠丝杠副的日常维护和保养，掌握电动机和联轴器的安装方法。

【设备介绍】

YL-569 型数控车床实训设备由数控车床电气系统、十字滑台、刀架等组成，其中滚珠丝杠副、滚动导轨、联轴器等部件是数控机床进给传动系统中应用最为广泛的装置。

【教学目标】

知识目标
（1）熟悉直线滚动导轨的种类和基本结构。
（2）熟悉滚珠丝杠副的种类和基本结构。
（3）熟悉联轴器的基本结构。
（4）了解直线滚动导轨和滚珠丝杠副的日常维护与保养。

技能目标
（1）正确使用工具、量具完成进给传动部件的装配。
（2）掌握直线滚动导轨和滚珠丝杠副的装配与测量方法。
（3）能正确进行电动机与联轴器的联接。

职业素养目标
（1）穿好工作服和绝缘鞋，规范使用工具和量具，注意人身安全和设备安全。
（2）养成爱护工具、量具和设备的习惯。

任务一　　　数控机床导轨的安装与调试

【任务引入】

导轨是重要的进给传动部件之一，机床的加工精度和使用寿命很大程度上取决于机床导轨的质量，因此数控机床对导轨有很高的要求，如高精度、耐磨性好、运动平稳、抗振性强、低速无爬行等。通过本任务的学习，要求熟悉数控车床导轨的基本结构和分类，掌握数控车床导轨的安装与调试方法，会进行平行度的调整，能够正确使用工具拆卸导轨，并且掌握导轨的日常维护与保养方法。

【知识链接】

一、常用导轨的分类及特点

导轨按运动轨迹可分为直线运动导轨和圆周运动导轨，如图 3-1 和图 3-2 所示；按受力情况可分为开式导轨和闭式导轨；按摩擦性质可分为滚动导轨和滑动导轨；按工作性质可分为主运动导轨、进给运动导轨和调整导轨。为了提高数控机床的定位精度和运动平稳性，目前普遍采用滚动导轨、贴塑导轨和静压导轨。其中，后面两种均为滑动导轨。

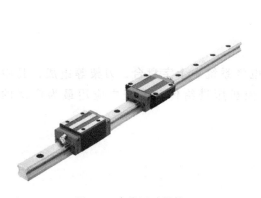

图 3-1　直线运动导轨

图 3-2　圆周运动导轨

1. 滚动导轨

滚动导轨是指在导轨工作面之间安排滚动件，使两导轨面之间形成滚动摩擦，动、静摩擦因数很接近，且不受运动变化的影响，磨损少，精度保持性好，低速运动时不易产生爬行现象，所需的驱动功率小，因此在数控机床上得到了广泛的应用。

滚动导轨的结构如图 3-3 所示。

移动部件运动时，滚动体沿封闭轨道做循环运动，图 3-3 中的滚动体为滚珠。滚动体可采用滚珠、滚柱、滚针等形式。滚珠导轨承载能力小，刚度低，适用于运动部件质量不大的场合；滚柱导轨（图 3-4）的承载能力和刚度比较高，适用于载荷较大的机床；滚针导轨的滚针尺寸小，适用于导轨尺寸受限制的机床。

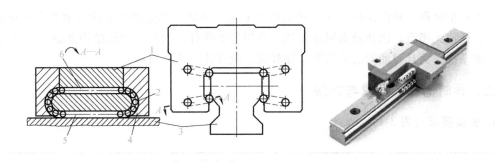

图 3-3　滚动导轨的结构

1—滑块　2—滚珠　3—导轨　4—返回器　5—工作滚道　6—返回滚道

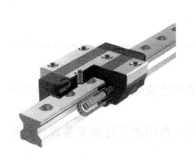

图 3-4　滚柱导轨

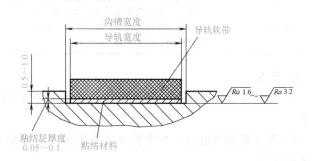

图 3-5　贴塑导轨

2. 贴塑导轨

贴塑导轨如图 3-5 所示，是在导轨的一个滑动面上贴有一层抗磨软带。导轨软带如图 3-6 所示，是以聚四氟乙烯为基体，添加合金粉末和氧化物的高分子复合材料。贴塑导轨摩擦因数低而稳定，动、静摩擦因数相近，运动平稳性好，无爬行，耐磨性、减振性、化学稳定性好，维修和护理方便。

导轨软带应粘结在导轨面上，粘结时用丙酮或三氯乙烯清洁剂清洗导轨粘结面和软带的粘结面，再用粘结剂粘结，加压并在室温固化 24h 以上，最后对粘结好的导轨面进行精加工，如开油槽、研磨等。

3. 静压导轨

静压导轨如图 3-7 所示，它是在滑动面之间开有油腔，将有一定压力的油通过节流器输入油腔，形成压力油膜，使运动部件浮起，从而使导轨的工作表面处于纯液体摩擦，摩擦因

图 3-6　导轨软带

图 3-7　静压导轨

数低，不产生磨损，精度保持性好，使驱动功率大大降低。其运动不受速度和负载的限制，刚度高，低速无爬行；因油液有吸振作用，所以抗振性好。但静压导轨结构复杂，需要有专门的供油系统，而且对油的清洁度要求比较高，故多用于重型机床。

二、导轨的安装要求与方法

1. 安装要求（表3-1）

表 3-1　安装要求

项　目	内 容 及 要 求
准备工作	清点零件,准备工具和量具
清洗	对零件进行清洗,清理配合面
导轨副安装	1）基准直线导轨与定位基准面接触可靠 2）两根直线导轨的平行度误差≤0.02mm 3）导轨螺钉锁紧可靠

2. 清洗

1）清洗导轨。导轨属于精密部件，因此在安装前应用煤油清洗导轨，然后用干净抹布擦干。

2）清洗底板安装面。在底板安装导轨副的位置涂上机油，再用磨石打磨安装面，然后用抹布擦净。

3. 安装基准导轨

1）安装基准导轨时，导轨上的箭头指向靠山（定位基准面），滑块基准面面向靠山，如图3-8所示。

靠山
（定位基准面）

滑块基准面

图 3-8　安装基准导轨

2）预紧螺钉。预紧时应使螺钉尾部全部陷入沉孔。

3）安装压块。安装时用手抵住压块，使压块紧贴导轨，然后拧紧压块上的螺钉，如图3-9所示。压块与导轨之间的间隙不能大于0.01mm。

4）拧紧导轨上的螺钉，拧紧顺序为从左到右或从右到左。

4. 安装副导轨

1）安装副导轨时，使副导轨滑块的基准面面

图 3-9　安装压块

向基准导轨。

2）预紧螺钉并使螺钉尾部全部陷入沉孔。

5. 测量导轨平行度

1）把杠杆百分表表座吸在基准导轨滑块上，测头接触副导轨滑块基准面并压到合适位置，读取此时杠杆百分表数值，如图 3-10 所示。

2）粗调导轨。从右往左同时缓慢移动两块滑块，使杠杆百分表数值维持在一定的数值范围内。

3）精调导轨。把杠杆百分表移动到最右端，拧紧导轨最右端的螺钉并读取数值，然后往左移动杠杆百分表，一边测量一边拧紧螺钉，使导轨平行度误差控制在不大于 0.02mm 的范围内，如图 3-11 所示。

4）安装导轨压块并拧紧，复检导轨平行度，如有偏差再进行调整。

图 3-10　测量平行度并读数

图 3-11　精调导轨

【任务实施】

一、工具和量具的准备

准备杠杆百分表及磁性表座、内六角扳手、磨石、抹布、煤油、毛刷、清洗剂等工具和量具，如图 3-12 所示。

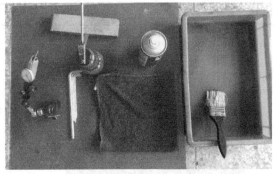

图 3-12　工具和量具

二、导轨的拆卸和安装

1. 导轨的拆卸

导轨的拆卸过程见表 3-2。

表 3-2 导轨的拆卸过程

步骤	说明	图　示	注意事项
1	拆下导 轨压块	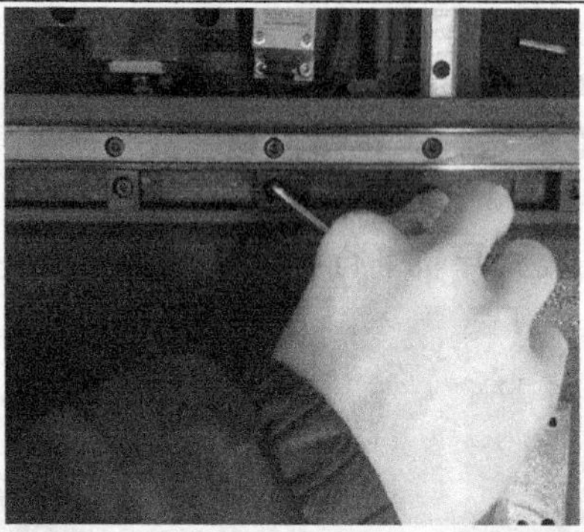	移动滑块时不能与凸起的压块 相撞,否则会造成滑块的损伤
2	拆下导轨		滑块不能与凸起的内六角螺钉 相撞
3	完成导轨的拆卸	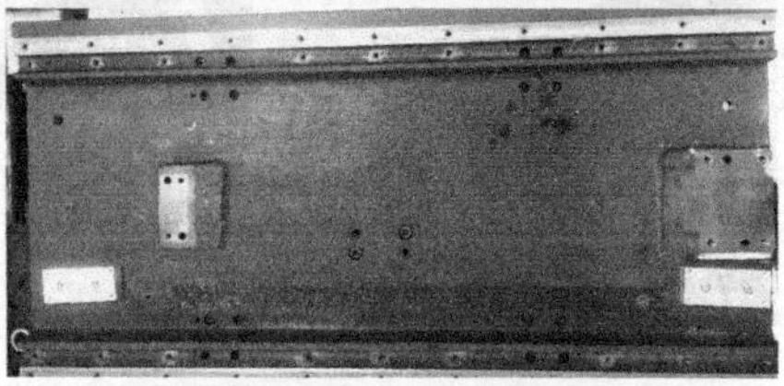	拿下导轨时滑块不能脱离导 轨,否则会造成滚珠脱落

2. 导轨的安装

导轨的安装过程见表 3-3。

表 3-3 导轨的安装过程

步骤	说明	图　示	注意事项
1	清洗导轨		清洁导轨表面

（续）

步骤	说　明	图　　示	注意事项
2	打磨导轨安装面并擦净		先在安装面喷油再用磨石打磨
3	安装基准导轨		导轨紧贴靠山，并预紧螺钉，螺钉的尾部应全部陷入沉孔，否则与滑块发生摩擦，导致滑块的损坏
4	安装导轨压块		拧紧压块的内六角螺钉，移动滑块时不要与螺钉相撞
5	拧紧导轨螺钉		螺钉拧紧顺序：从左到右或从右到左
6	安装副导轨并预紧螺钉		副导轨的安装方法参照基准导轨

（续）

步骤	说明	图 示	注意事项
7	测量导轨平行度		从右到左,一边调整两导轨平行度,一边拧紧螺钉,保证平行度误差在不大于 0.02mm 的范围内
8	安装导轨压块,完成导轨的安装		依次拧紧螺钉,拧紧时注意杠杆百分表数值的变化,控制数值在不大于 0.02mm 的范围内

三、导轨的日常维护工作

对导轨面进行润滑后,可以降低摩擦,减少磨损,并且可以防止导轨生锈。应根据导轨润滑状况及时调整导轨润滑油量,保证润滑油压力,从而保证导轨润滑良好。

1）每次运行前应检查导轨的润滑情况是否良好,如润滑不良可加润滑油,如图 3-13 所示。

2）在操作使用中应防止切屑、磨粒或切削液散落在导轨上,否则会造成导轨的磨损加剧、擦伤、锈蚀。

3）严禁超负荷使用。

4）严禁将滑块滑出导轨。

5）每次使用结束后应在导轨上涂油。

6）定期检查导轨的磨损情况。

图 3-13　加注润滑油

【操作提示】

1）在导轨拆卸过程中,应将各零部件集中放置,特别注意螺钉与压块的存放,避免遗失。

2）安装时注意两根导轨上滑块的基准面应相对安装。

3）正确使用工具和量具,工具和量具摆放应整齐规范。

【总结评价】

请根据表 3-4 总结评价内容对任务实施及职业素养养成情况进行综合评价。

表 3-4　总结评价内容

| 评价项目 | 内容 | 评价标准 | 学生评价 | | 教师评价 |
			自评	互评	
任务实施	拆卸导轨	正确拆卸导轨			
	装配导轨	正确装配导轨			
	调整导轨	导轨平行度误差控制在不大于 0.02mm 的范围内,滑块移动顺畅,无阻塞感			
职业素养	安全操作	规范穿戴工作服、工作帽合理使用拆装工具			
	管理规范	任务实施过程中按照 5S(整理、整顿、清洁、清扫、素养)管理规范执行,仪器、器件、工具摆放合理,任务完成后工位保持整洁			

【拓展练习】

1. 导轨上的润滑剂主要有哪几种?
2. 导轨平行度误差的测量是怎样进行的?

任务二　滚珠丝杠副的装配与调试

【任务引入】

滚珠丝杠副是数控机床上常用的一种传动装置,要熟悉并掌握滚珠丝杠副的工作原理、结构特点、循环方式、支承方式,掌握用杠杆百分表测量滚珠丝杠副与导轨平行度时的技术要点,熟悉不同轴承的特点和应用场合,掌握滚珠丝杠副日常保养的方法。

【知识链接】

一、滚珠丝杠副的工作原理和特点

滚珠丝杠副是数控机床中将旋转运动转换为直线运动的一种典型传动装置。

滚珠丝杠副实物图如图 3-14 所示,其结构图如图 3-15 所示。滚珠丝杠副的工作原理:在丝杠 3 和螺母 1 上有螺旋槽,把它们装配在一起形成螺旋滚道,并与螺母上的滚珠回路滚道 4 形成封闭的循环滚道,滚道内装满滚珠 2。当丝杠旋转时,滚珠在滚道内既自转又沿着滚道循环旋转,从而使丝杠或螺母沿轴向移动。

滚珠丝杠副在传动时基本上是滚动摩擦,其优点是:

1)传动效率高。滚珠丝杠副的传动效率可达 92% ~ 98%,是普通丝杠传动效率的 3 ~ 4 倍。

图 3-14　滚珠丝杠副实物图

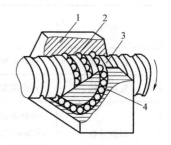

图 3-15　滚珠丝杠副的结构图

1—螺母　2—滚珠　3—丝杠

4—滚珠回路滚道

2）摩擦损失小。因为是滚动摩擦，动、静摩擦因数相近，运动平稳，无爬行现象，传动精度高，使用寿命长。

3）经过适当的预紧后可以消除轴向间隙，提高系统的刚度，反向运动时无空行程，定位精度高。

4）有可逆性。利用滚珠丝杠副可以将旋转运动转换为直线运动，也可将直线运动转换为旋转运动，丝杠和螺母都可成为主动件。

因为滚珠丝杠副有以上优点，所以在各类中小型机床中被广泛应用。但滚珠丝杠副也有以下缺点：

1）制造成本高，工艺复杂。

2）不能自锁。由于摩擦小，用于垂直位置时，为了防止突然断电而造成主轴箱下滑，必须添加制动装置。

二、滚珠丝杠副的循环方式

滚珠丝杠副常用的循环方式有两种：外循环和内循环。

1. 外循环

滚珠在循环过程中有时与丝杠脱离接触的循环称为外循环，如图 3-16 所示。其中，图 3-16a 所示为端盖式外循环，这种结构方式是在螺母上加工一个切向孔，作为滚珠的回程通道，螺母两端的盖板上开有滚珠的回程口，滚珠由此进入回程管，形成循环；图 3-16b 所示为插管式外循环，它用弯管作为返回管道，由于管道突出螺母体外，径向尺寸较大；图 3-16c 所示为螺旋槽式外循环，它是在螺母外圆上铣出螺旋槽，槽的两端钻出通孔并与滚道相切，形成回珠槽，这种结构径向尺寸小，但制造比较复杂。外循环结构制造工艺简单，使用比较广泛，缺点是滚道接缝处不够平滑，运动时会影响平稳性，噪声较大。

2. 内循环

内循环采用反向器实现滚珠循环，反向器分为两种类型。图 3-17a、b 所示为圆柱凸键反向器，其圆柱部分嵌入螺母内，端部有反向槽 2，反向槽 2 由凸键 1 实现定位，保证滚珠对准螺旋滚道方向。图 3-17d 所示为扁圆镶块反向器，镶块嵌入螺母切槽中，由镶块外轮廓定位。比较这两种反向器，后者尺寸较小，减小了螺母的径向尺寸和轴向尺寸，但是对外轮廓和螺母上切槽的尺寸精度要求较高。图 3-17c 所示为内循环方式下滚珠的循环路径。

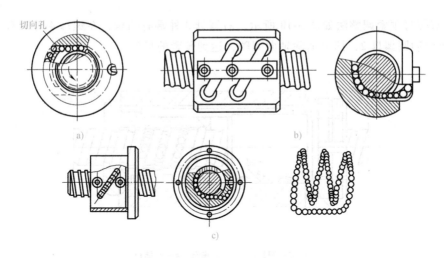

图 3-16　外循环

a) 端盖式外循环　b) 插管式外循环　c) 螺旋槽式外循环

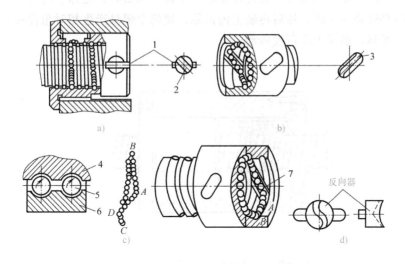

图 3-17　内循环

a)、b) 圆柱凸键反向器　c) 滚珠的循环路径　d) 扁圆镶块反向器

1—凸键　2、3—反向槽　4—丝杠　5—滚珠　6—螺母　7—反向器

三、滚珠丝杠副间隙的消除

为了保证滚珠丝杠副的反向传动精度和轴向刚度，必须消除轴向间隙。轴向间隙通常是指丝杠和螺母无相对转动情况下，丝杠和螺母的轴向窜动量。消除间隙有下列几种方法：

1. 双螺母消隙法

双螺母消隙法是一种常用的消除轴向间隙的方法，它利用两个螺母的相对轴向位移，使两个螺母中的滚珠贴紧在螺旋滚道的两个相反侧面上，从而消除轴向间隙。应注意使用这种方法时预紧力不宜过大，否则会降低传动效率，缩短使用寿命。常用的双螺母消隙法有以下三种：

1）双螺母预紧调整法如图 3-18 所示，右螺母 3 外端有凸缘，左螺母 4 外端有螺纹，调整时只要旋动圆螺母 2，即可消除轴向间隙，达到预紧的目的。

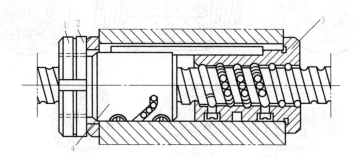

图 3-18　双螺母预紧调整法

1、2—圆螺母　3—右螺母　4—左螺母

2）齿差调整法如图 3-19 所示，在两个螺母的凸缘上各设计有圆柱外齿轮 3，分别与紧固在套筒两端的内齿轮 2 相啮合，其齿数相差一个齿。调整时，先卸下内齿轮，使两个螺母相对套筒方向都转动一个齿，然后再装上内齿轮，使两个螺母产生相对角位移。这种间隙调整方法方便、可靠，多用于高精度传动。

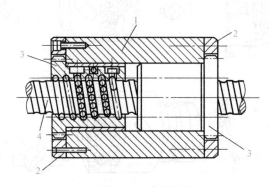

图 3-19　齿差调整法

1—套筒　2—内齿轮　3—圆柱外齿轮　4—丝杠

3）垫片调整法如图 3-20 所示，调整垫片 3 的厚度可以使左、右两螺母 4、2 产生轴向位移，从而消除间隙和产生预紧力。这种调整方法结构简单，轴向刚性好，但调整不方便。

2. 单螺母消隙法

如图 3-21 所示，使内螺母滚道在轴向产生一个 ΔP_h 的导程突变量，从而使两列滚珠在轴向错位，实现预紧。这种方法结构简单，但在使用中不能调整，制造困难。

四、滚珠丝杠副的支承方式

滚珠丝杠副常用推力轴承支承，以提高轴向刚度。安装的支承方式有以下几种。

1）一端装推力轴承，如图 3-22a 所示，这种支承方式下，滚珠丝杠副的承载能力和轴向刚度低，多用于轻载、低速、垂直安装的传动系统。

2）一端装推力轴承，另一端装深沟球轴承，如图 3-22b 所示，这种支承方式可用于丝杠较长的场合。

3）两端装推力轴承，如图 3-22c 所示，这种支承方式把推力轴承装在滚珠丝杠副两端，有助于提高刚度。

4）两端装推力轴承及深沟球轴承，如图 3-22d 所示，这种支承方式使滚珠丝杠副具有最大的刚度，但不能精确地预测预紧力，预紧力大小由丝杠的温度变化而决定。

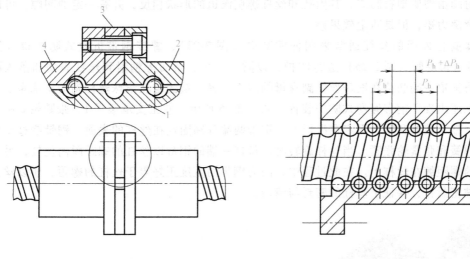

图 3-20　垫片调整法　　　　　　　　　　图 3-21　单螺母消隙法

1—丝杠　2—右螺母　3—垫片　4—左螺母

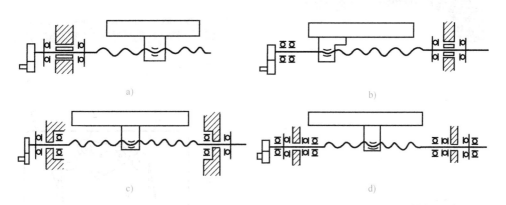

a)　　　　　　　　　　　　　　　　　b)

c)　　　　　　　　　　　　　　　　　d)

图 3-22　滚珠丝杠的支承方式

a）一端装推力轴承　　b）一端装推力轴承，另一端装深沟球轴承　　c）两端装推力轴承
d）两端装推力轴承及深沟球轴承

五、滚珠丝杠副的安装

滚珠丝杠副的安装可直接按照任务实施部分表 3-6 所列的操作步骤进行，并将在任务实施部分做详细讲述。

六、滚珠丝杠副的防护

要延长滚珠丝杠副的寿命，保证传动效率和传动精度，必须对滚珠丝杠副进行有效的防护和润滑。

一般采用密封圈对滚珠和螺母进行密封。密封圈装在螺母两端，因为与螺母和丝杠紧密接触，所以防尘效果好，也增加了摩擦力。如果要避免产生摩擦力，可以采用非接触式密封圈，该密封圈由硬质塑料制成，其内孔和丝杠螺旋滚道的形状相反，并有一定的间隙，可以避免产生摩擦力矩，但是防尘效果差。

对于暴露在外面的丝杠通常采用伸缩套筒（图 3-23）、螺旋钢带折叠式防护罩（图 3-24）以及锥形套管（图 3-25）进行防护，以防止灰尘、杂质等粘附到丝杠表面和落入滚道。这些防护罩一端联接在滚珠丝杠副螺母的端面，另一端固定在滚珠丝杠副的支承座上。

近年来还出现了钢带缠卷式防护装置，如图 3-26 所示，它由支承滚子 1、张紧轮 2 和钢带 3 组成，整个装置和螺母固定在滑板上。钢带两端分别固定在丝杠的表面，钢带绕过支承滚子，由弹簧和张紧轮张紧。当丝杠旋转时，丝杠一端的钢带以丝杠的螺距脱离丝杠，另一端以同样的螺距缠在丝杠上。在此过程中，因为钢带的宽度正好等于丝杠的螺距，所以丝杠的螺旋槽被密封住，保证了丝杠的密封与清洁。

图 3-23　伸缩套筒

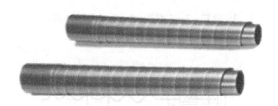

图 3-24　螺旋钢带折叠式防护罩

图 3-25　锥形套管

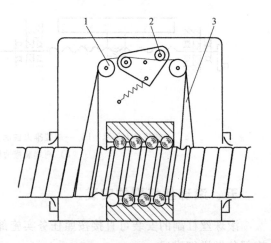

图 3-26　钢带缠卷式防护装置

1—支承滚子　2—张紧轮　3—钢带

七、滚珠丝杠副的标准公差等级、代号和标识符号

1. 滚珠丝杠副的标准公差等级

滚珠丝杠副采用了七个标准公差等级，即 1、2、3、4、5、7 和 10，1 级精度最高，依次递减，其应用范围见表 3-5。

表 3-5　滚珠丝杠副的标准公差等级及应用范围

标准公差等级	应用范围
5	普通机床
4、3	数控钻床、数控车床、数控铣床、机床改造
2、1	精密机床、仪表机床、数控磨床、高精度加工中心

2. 滚珠丝杠副的类型及代号

滚珠丝杠副按其功能不同分为定位滚珠丝杠副和传动滚珠丝杠副，其代号分别为 P 和 T。

3. 滚珠丝杠副的标识符号

滚珠丝杠副的标识符号顺序和内容如图 3-27 所示。

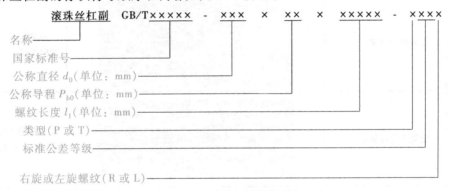

图 3-27　滚珠丝杠副的标识符号顺序和内容

【任务实施】

一、工具和量具的准备

准备好杠杆百分表及磁性表座、内六角扳手、套筒、锤子等工具和量具，如图 3-28 所示。

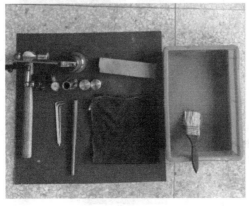

图 3-28　工具和量具的准备

二、滚珠丝杠副的安装

根据表 3-6 所列滚珠丝杠副的安装步骤进行滚珠丝杠副的正确安装。

表 3-6　滚珠丝杠副的安装步骤

步骤	说　明	图　　示	注意事项
1	安装轴承座		使用内六角扳手拧紧螺钉
2	安装螺母支座		安装时注意螺纹孔朝向螺母
3	安装推力球轴承		利用套筒、锤子将轴承装入丝杠
4	装配游动端		装配时使轴承紧贴轴承座的止口,确保安装到位
5	装配固定端		装配时应使轴承紧贴轴承孔止口,使其装配到位,最后拧紧电动机支座的螺钉
6	测量丝杠上母线相对于导轨的平行度误差		将螺母移动到最右端,用杠杆百分表测量,测量时用手转动螺母,读取最大值并记录

（续）

步骤	说　明	图　　示	注意事项
6	测量丝杠上母线相对于导轨的平行度误差		将螺母移动到最左端，用杠杆百分表测量，测量时用手转动螺母，读取最大值并记录。将两端数值相减，得出的差值即为上母线相对于导轨的平行度误差，应小于或等于 0.05mm
7	测量丝杠侧母线相对于导轨的平行度误差		将磁性表座吸在滑块上，测量螺母侧面，测量时用手转动螺母，读取最大值并记录
			将磁性表座和螺母移动到最右端，测量螺母侧面，测量时用手转动螺母，读取最大值并记录。将两端测得的数值相减，得出的差值即为侧母线相对于导轨的平行度误差，应小于或等于 0.05mm
8	固定螺母支座		用内六角扳手拧固定螺母

【操作提示】

1）安装丝杠时，注意不能和其他部件相撞。

2）拆下的螺栓等物品，应按顺序依次摆放整齐。

3）在测量时注意杠杆百分表测头不能和其他部件碰撞。

4）安装时注意轴承座的安装方向。

【总结评价】

请根据表 3-7 总结评价内容对任务实施及职业素养养成情况进行综合评价。

表 3-7 总结评价内容

评价项目	内容	评价标准	学生评价		教师评价
			自评	互评	
任务实施	正确安装轴承座、丝杠	正确安装轴承座、丝杠			
	测量丝杠上母线相对于导轨的平行度误差	正确测量上母线相对于导轨的平行度误差，记录数据			
	测量丝杠侧母线相对于导轨的平行度误差	正确测量侧母线相对于导轨的平行度误差，记录数据			
职业素养	安全操作	规范穿戴工作服、工作帽，合理使用拆装工具			
	管理规范	任务实施过程中按照 5S（整理、整顿、清洁、清扫、素养）管理规范执行，仪器、器件、工具摆放合理，任务完成后工位保持整洁			

【拓展练习】

1）简述丝杠相对于导轨的平行度误差对加工精度的影响。

2）比较各滚珠丝杠副防护装置的优缺点。

任务三　电动机与联轴器的连接与固定

【任务引入】

在数控机床的传动链中，联轴器是用于联接机构中的两根轴（主动轴和从动轴）使之共同旋转以传递转矩的机械零件。在高速重载的动力传动中，有些联轴器还有缓冲、减振和提高轴系动态性能的作用。因此要正确联接电动机与联轴器，才能保证机床机械十字滑台的正常运行。

【知识链接】

联轴器是用来联接进给机构的两根轴，使之一起回转并传递转矩和运动的一种装置。机床运转时，被联接的两轴不能分离，只有停止后，将联轴器拆开，两根轴才能够脱离。

一、联轴器的分类

根据联轴器有无弹性元件、对各种相对位移有无补偿能力，即能否在发生相对位移条件下保持联接功能以及联轴器的用途，可将其分为刚性联轴器和挠性联轴器。

1. 刚性联轴器

刚性联轴器只能传递运动和转矩，不具备其他功能，包括凸缘联轴器、套筒联轴器、夹壳联轴器等。

1）凸缘联轴器如图 3-29 所示，它利用螺栓联接两凸缘盘式半联轴器，两个半联轴器分别用键与两轴联接，以实现两轴联接，传递转矩和运动。凸缘联轴器的特点是结构简单，制造方便，成本较低，工作可靠，装拆、维护均较方便，一般常用于载荷平稳、高速或传动精度要求较高的轴系传动。使用凸缘联轴器时，如果不能保证被联接的两轴对中精度，将会降低联轴器的使用寿命，并引起振动和噪声。

2）套筒联轴器如图 3-30 所示，它是利用共用套筒，并通过键、花键或者锥销等刚性联接件，以实现两轴联接的联轴器。套筒联轴器的特点是结构简单，制造方便，成本较低，径向尺寸小，但装拆不方便，适用于低速、轻载、无冲击载荷的场合。

图 3-29 凸缘联轴器

图 3-30 套筒联轴器

3）夹壳联轴器如图 3-31 所示，它是利用两个沿轴向剖分的夹壳以螺栓拧紧固定的方式来实现两轴联接的联轴器，依靠键以及夹壳与轴之间的摩擦力来传递转矩。夹壳联轴器的特点是无须沿轴向移动即可拆卸，外形复杂且不易平衡，适用于低速传动轴、垂直传动轴的联接。

2. 挠性联轴器

挠性联轴器有很好的缓冲性、减振性，承载力适中，更重要的是挠性联轴器能够允许主动轴和被动轴之间存在一定的安装误差。挠性联轴器根据结构不同分为齿式联轴器、滑块联轴器、膜片联轴器等。

1）齿式联轴器如图 3-32 所示，其径向尺寸小，通过内外齿轮啮合传递转矩，承载能力大，适用于低速、重载工况条件下的轴系传动。

图 3-31　夹壳联轴器

图 3-32　齿式联轴器

2）滑块联轴器如图 3-33 所示，它利用中间滑块在其两侧半联轴器端面的相应径向槽内滑动，以实现两半联轴器联接。滑块联轴器安装方便，尺寸范围广，允许有角度偏差，用于转速低的场合。

3）膜片联轴器如图 3-34 所示，它由几片膜片用螺栓交错地与两半联轴器联接，每组膜片由数片叠加而成。膜片联轴器靠膜片的弹性变形来补偿所联接两轴的相对位移，是一种高性能的金属挠性联轴器。其特点是不用润滑，结构较紧凑，强度高，使用寿命长，无旋转间隙，不受温度和油污影响，具有耐酸、耐碱、防腐蚀的特点，适用于高温、高速、有腐蚀介质工况环境的轴系传动。

图 3-33　滑块联轴器

图 3-34　膜片联轴器

二、联轴器与电动机的安装

1. 联轴器联接丝杠

将联轴器与丝杠进行装配并预紧联轴器左端的螺钉。

2. 安装电动机

将电动机与电动机支架联接并固定，将电动机轴装入联轴器，预紧螺钉。

3. 拧紧螺钉

拧紧联轴器的螺钉，完成安装。

【任务实施】

1. 工具准备

准备好内六角扳手、煤油、抹布等，如图 3-35 所示。

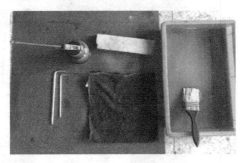

图 3-35 工具准备

2. 安装步骤

本任务以挠性联轴器为例介绍其安装过程，见表 3-8。

表 3-8 联轴器安装步骤

步骤	说　明	图　示	注意事项
1	清洗联轴器		将联轴器放入煤油中进行清洗，用干净的抹布擦净
2	联接联轴器与丝杠		将联轴器与丝杠联接，预紧联轴器上的螺钉

（续）

步骤	说　明	图　　示	注意事项
3	安装电动机		将电动机安装在电动机支座上，拧紧螺钉
			拧紧联轴器上的螺钉，完成安装

【操作提示】

1）正确使用工具，工具摆放应整齐规范。

2）按照安装次序进行安装，安装完成后清洁工作台面。

【总结评价】

请根据表 3-9 总结评价内容对任务实施及职业素养养成情况进行综合评价。

表 3-9　总结评价内容

评价项目	内容	评价标准	学生评价		教师评价
			自评	互评	
任务实施	联轴器清洗	正确清洗联轴器及相关零部件			
	联轴器的安装	安装顺序正确，部件安装牢固，轴运行平稳			
职业素养	安全操作	规范穿戴工作服、工作帽，合理使用拆装工具			
	管理规范	任务实施过程中按照 5S（整理、整顿、清洁、清扫、素养）管理规范执行，仪器、器件、工具摆放合理，任务完成后工位保持整洁			

【拓展练习】

1）联轴器安装不正确对传动系统会产生什么样的影响？

2）联轴器紧固螺钉未拧紧会产生什么现象？

项目四

数控车床刀架部件的装配与拆卸

为了提高生产率，进一步压缩非切削时间，现代数控机床正朝着在一次装夹中完成多工序加工的方向发展，因此这类机床必须带有自动换刀装置（Automatic Tool Changer，ATC）。在数控机床上，实现刀具自动变换的装置称为自动换刀装置。它的功能就是储备一定数量的刀具并完成刀具的自动交换。自动换刀装置的结构与布局取决于数控机床的形式、工艺范围、刀具类型及数量等因素。数控车床上的换刀装置主要有排刀式刀架、回转刀架和带刀库的自动换刀装置等多种形式。

为了能在工件一次装夹中完成多个工步，缩短辅助时间，减少工件因多次安装引起的误差，在数控车床上安装了刀架部件。刀架是数控车床的重要组成部分，用于安装和夹持刀具。它的结构和性能直接影响数控车床的切削性能和切削效率。电动刀架作为数控车床的重要配置，在生产加工中起着至关重要的作用。

【设备介绍】

YL-558 型数控车床实训设备由数控车床电气系统、机械十字滑台、刀架等组成。设备配置刀架为四工位电动刀架，是目前数控车床的主流刀架类型。

【教学目标】

知识目标

（1）熟悉回转刀架的机械结构，能看懂图样。

（2）掌握回转刀架的转位过程。

（3）掌握回转刀架的拆卸过程和装配过程。

（4）学会回转刀架的调试方法。

（5）了解回转刀架的日常维护与保养。

技能目标

（1）按照操作规范进行刀架装配与调试。

（2）能对刀架进行日常维护与保养。

职业素养目标

（1）爱护工具、量具和设备，使用工具时，符合规范，注意人身安全、设备安全，树立人身安全第一的观念。

（2）在装配与调整回转刀架的过程中，注意零件的整理和摆放，养成良好的操作习惯。

（3）根据技能竞赛要求，在装配与调整回转刀架的过程中，注意工具和量具的整理和摆放，培养学生的职业素养。

任务一　数控车床回转刀架的装配与拆卸

【任务引入】

认识数控车床刀架系统的分类，重点掌握数控车床四工位电动刀架的结构、换刀动作的过程，进而能够进行日常维护与保养；能够正确选用工具和量具进行，四方回转刀架的拆卸与装配；学会安装轴承及联接座，安装电动机线路并调试刀架电动机与刀架传动轴的位置。

【知识链接】

一、典型刀架的分类

数控车床使用的刀架是最简单的自动换刀装置，按照结构形式划分，可以分为排刀式刀架、转盘式刀架、转塔式刀架（即回转刀架）等，如图 4-1 ~ 图 4-3 所示。按照驱动形式划分，有液压驱动刀架和电动机驱动刀架（即电动刀架）两种，如图 4-2、图 4-3 所示。

目前，国内数控车床刀架以电动刀架为主，有转塔式刀架和转盘式刀架两种。转塔式刀架又称回转刀架，一般有四、六工位两种形式，主要用于简易数控车床；转盘式刀架有八、十

图 4-1　排刀式刀架

等工位，可正、反方向旋转，就近选刀，用于全功能数控车床。另外，转盘式刀架还有液压

图 4-2　转盘式液压驱动刀架

图 4-3　四方回转刀架

驱动刀架。电动刀架是数控车床重要的传统结构，合理地选配电动刀架，并正确实施控制，能够有效提高劳动生产率，缩短生产准备时间，消除人为误差，提高加工精度等。

二、四方回转刀架的结构

图 4-4 所示为四方回转刀架的结构简图，其回转轴与机床主轴垂直布置，结构简单，经济型数控车床多采用这种刀架。回转刀架上回转头各刀座用于安装各种不同用途的刀具，通过回转头的旋转、分度和定位，实现机床的自动换刀。

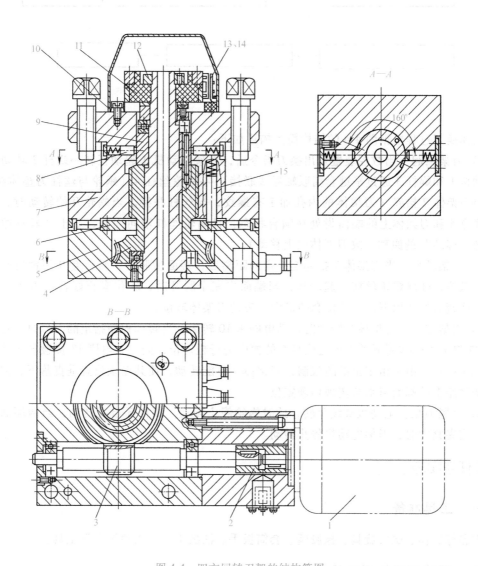

图 4-4　四方回转刀架的结构简图

1—刀架电动机　2—平键套筒联轴器　3—蜗杆　4—蜗轮丝杠　5—刀架底座
6—粗定位盘　7—刀架体　8—球头销　9—转位套　10—电刷座　11—发信盘
12—螺母　13、14—电刷　15—粗定位销

三、回转刀架的换刀动作分析

刀架机构的主要动作过程如图 4-5 所示。

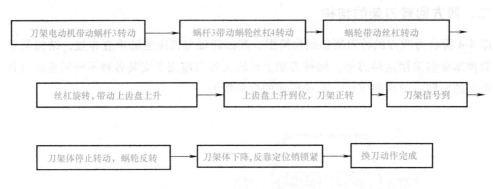

图 4-5 刀架机构的主要动作过程

具体换刀过程根据图 4-4 的结构简图描述如下：

1）刀架抬起。当数控装置发出换刀指令后，刀架电动机 1 起动正转→蜗杆 3 转动（刀架电动机 1 和蜗杆 3 通过平键套筒联轴器 2 联接）→蜗轮丝杠 4（蜗轮与丝杠为整体结构）转动→刀架体 7 抬起（刀架体的内孔加工有螺纹，与丝杠联接。当蜗轮开始转动时，由于刀架底座 5 和刀架体上的端面齿处在啮合状态，且蜗轮丝杠轴向固定，基于"丝杠原地回转、螺母移动"的原理，故刀架体向上移动）。

2）刀架转位。当刀架体 7 抬起至一定的距离后，端面齿脱开，转位套 9 用销钉与蜗轮丝杠 4 联接，随着蜗轮丝杠一起转运，当端面齿完全脱开时，转位套正好转过 160°，球头销 8 在弹簧力的作用下进入转位套的槽中，带动刀架体转位。

3）刀架定位。刀架体 7 转动时带动电刷座 10 转运，当转到程序指定的刀号时，粗定位销 15 在弹簧力的作用下进入粗定位盘 6 的槽中进行粗定位，同时，电刷 13 接触导体使刀架电动机 1 反转。由于粗定位槽的限制，刀架体 7 不能转动，使其在该位置垂直落下，刀架体和刀架底座上的端面齿啮合实现精确定位。

4）夹紧刀架。电动机继续反转，此时蜗轮停止转动，蜗杆 3 自身转动，当两端面齿增加到一定夹紧力时，刀架电动机停止转动。

【任务实施】

一、工具准备

准备好铜棒、螺钉旋具、橡胶锤、套筒扳手、活扳手、内六角扳手等工具。

二、回转刀架的拆卸及安装

1. 回转刀架的拆卸

按照表 4-1 所列回转刀架的拆卸步骤完成刀架拆卸，拆卸过程中注意选择合适的工具。

表 4-1　回转刀架的拆卸步骤

步骤	说明	图　示
1	拆卸上防护盖	
2	拆卸发信盘连接线	
3	拆卸发信盘锁紧螺母	
4	拆卸磁钢	

步骤	说明	图　示
5	拆卸转位盘锁紧部件	
6	拆卸转位盘	
7	拆卸刀架体	
8	旋出刀架体	

（续）

步骤	说　明	图　示
9	拆卸粗定位盘	
10	拆卸刀架底座	
11	拆卸刀架轴和蜗轮丝杠	
12	拆分丝杠、蜗轮	

2. 回转刀架的装配

装配过程是拆卸过程的反过程，可根据图 4-4 所示，把各零件装配起来，实现刀架的转位功能。过程如下：

1）清洗各部件，注意两对销子不能搞错，并在旋转部位加清洁黄油。端齿部位及刀架底座旋转面加注清洁机油。

2）将蜗轮、推力轴承垫圈、推力轴承、主轴从刀架底座底部装入。

3）从上面装上丝杠，丝杠下部的两凸台装入蜗轮的两个槽中。

4）将两个反靠定位销蘸上黄油后插入螺母上的两个孔，将刀架体、外端齿、螺母旋入丝杠，旋至丝杠超出螺母 1~2mm，从螺母上面将弹簧和离合销分别装入两个反靠定位销孔中。装上离合盘（离合盘与丝杠联接的圆柱销孔是不对称的，注意位置）。转动刀架体，使离合销插入离合盘槽中。

5）装上轴承、小键、止退垫圈、大螺母。大螺母的紧松以刀架在松开状态时大螺母旋紧后再反向松开 30°~40° 为准。

6）手动旋转蜗杆轴端内六角，使每个刀位能正常锁紧、松开、转位。如刀架转到位后锁不下去，有可能是由于蜗轮、轴承、主轴的尺寸有积累误差而影响离合销、反靠定位销的总长，可通过适当缩短离合销的长度来解决。如刀架锁紧时错位，有可能是离合销和反靠定位销加起来的总长短了，可增加离合销的长度。离合销与反靠定位销的总长以刀架在锁紧时，比反靠定位销在反靠盘槽中离合销在离合盘的下平面的长度短 0.1~0.15mm 为准。

7）拧上大螺母上的防松螺钉。

8）装上发信盘，接上信号线。注意发信盘的霍尔元件位置基本与磁钢对齐，红线接"+"，绿线接"-"，其他根据刀位号以顺时针黄、橙、蓝、白连接。

9）将刀架装上机床，通电试运行，观察是否正常。

三、回转刀架的日常维护工作

回转刀架的维护与维修一定要紧密结合起来，维修中容易出现故障的地方，就要重点维护。关于回转刀架的维护，主要包括以下几个方面。

1）每次上下班前清扫散落在回转刀架表面的灰尘和切屑。刀架体类部件容易积留一些切屑，黏连在一起时清理起来很费事，且容易与切削液混合引起氧化腐蚀等。由于刀架体都是旋转时抬起，到位时反转落下，最容易将未及时清理的切屑卡在里面，故每次下班前应对回转刀架表面的切屑、灰尘进行清理，防止其进入刀架体内。

2）及时清理刀架体上的异物（图 4-6），防止其进入刀架体内部。保证回转刀架换位的顺畅无阻，有利于回转刀架回转精度的保持；及时拆开并清洁回转刀架内部机械接合处，否则容易产生故障，如内齿盘上有碎屑就会造成夹紧不牢或导致加工尺寸有变化。定期对回转刀架进行清洁处理，包括拆开回转刀架、定位齿盘进行清扫。

3）严禁超负荷使用。

4）严禁撞击、挤压通往回转刀架的连线。

5）减少回转刀架被间断撞击（断续切削）的机会，保持良好的操作习惯，严防回转刀架与卡盘、尾座等部件的碰撞。

6）保持回转刀架的润滑良好，定期检查回转刀架内部润滑情况，如图 4-7 所示。如果润滑不良，易造成旋转件研死，导致刀架不能起动。

7）尽可能减少腐蚀性液体的喷溅，无法避免时，应及时擦拭、涂油。

8）注意回转刀架预紧力大小要调节适度，如过大会导致回转刀架不能转动。

9）经常检查并紧固连线、传感器元件盘（发信盘）、磁铁，注意发信盘螺母联接是否紧固，如松动易引起刀架的越位（过冲）或转不到位。

图 4-6　清理刀架体上的异物

10）定期检查刀架内部机械配合是否松动，否则容易造成刀架不能正常夹紧的故障。

11）定期检查刀架内部的反靠定位销、弹簧、后靠棘轮等是否起作用，以免造成机械卡死。

图 4-7　回转刀架内部润滑

【操作提示】

1）在刀架的拆卸过程中，应将各零部件集中放置，特别要注意细小零件的存放，避免遗失。

2）刀架的安装基本上是拆卸的逆过程，按正确的安装顺序把刀架装好即可。操作时要注意保持双手的清洁，并注意零部件的防护。

【总结评价】

请根据表 4-2 总结评价内容对任务实施及职业素养养成情况进行综合评价。

表 4-2　总结评价内容

评价项目	内容	评价标准	学生评价		教师评价
			自评	互评	
任务实施	回转刀架拆卸	正确进行回转刀架的拆卸			
	回转刀架装配	正确进行回转刀架各零件的装配			
	通电试运行	每个刀位能正常锁紧、松开、转位			

（续）

评价项目	内容	评价标准	学生评价		教师评价
			自评	互评	
职业素养	安全操作	规范穿戴工作服、工作帽,合理使用拆装工具			
	管理规范	任务实施过程中按照 5S(整理、整顿、清洁、清扫、素养)管理规范执行,仪器、器件、工具摆放合理,任务完成后工位保持整洁			

【拓展练习】

1. 自动换刀装置的形式有哪几种？分别用在什么场合？分别具有什么特点？
2. 回转刀架在换刀过程中主要有哪四个大动作？

任务二　　回转刀架内部换刀机构的安装与调试

【任务引入】

　　熟悉各个零部件的安装顺序,熟悉各零部件的位置关系；掌握离合盘及离合销的调整要领,能安装螺母、止退垫圈、键、轴承,能安装离合盘、离合销、弹簧、反靠定位销等零件；重点掌握霍尔元件的工作原理,能调整刀架位置。

【知识链接】

一、霍尔元件的工作原理

　　所谓霍尔效应,是指磁场作用于载流金属导体、半导体中的载流子时,产生横向电位差的物理现象。金属的霍尔效应是于 1879 年被美国物理学家霍尔发现的。当电流通过金属箔片时,若在垂直于电流的方向施加磁场,则金属箔片两侧面会出现横向电位差。半导体中的霍尔效应比金属箔片中更为明显,而铁磁金属在居里温度以下将呈现极强的霍尔效应。

　　利用霍尔效应可以设计制成多种传感器,如图 4-8 所示。霍尔电位差 U_H 的基本关系为

$$U_H = R_H IB/d \tag{4-1}$$
$$R_H = 1/(nq)（金属） \tag{4-2}$$

式中,R_H 为霍尔系数（m^3/C）；n 为载流子浓度或自由电子浓度；q 为电子电量（C）；I 为通过的电流（A）；B 为垂直于 I 的磁感应强度（T）；d 为导体的厚度（m）。

　　对于半导体和铁磁金属,霍尔系数表达式与式（4-2）不同,此处从略。

　　由于通电导线周围存在磁场,其大小与导线中的电流成正比,故可以利用霍尔元件测量出磁场,就可以确定导线电流的大小。利用这一原理可以设计制成霍尔电流传感器。其优点

图 4-8　利用霍尔效应制成的传感器

是：不与被测电路发生电接触，不影响被测电路，不消耗被测电源的功率，特别适合大电流传感。

若把霍尔元件置于电场强度为 E、磁场强度为 H 的电磁场中，则在该元件中将产生电流 I，元件上同时产生的霍尔电位差与电场强度 E 成正比，如果再测出该电磁场的磁场强度，则电磁场的功率密度瞬时值 P 可由 $P = EH$ 确定。利用这一原理可以设计制成霍尔功率传感器。

如果把霍尔元件集成的开关按预定位置有规律地布置在物体上，当装在运动物体上的永磁体经过它时，可以从测量电路上测得脉冲信号。根据脉冲信号列可以得出该运动物体的位移。若测出单位时间内发出的脉冲数，则可以确定其运动速度。霍尔元件是应用霍尔效应的半导体。

二、霍尔元件在刀架中运用

精度是一台数控机床的生命，假如机床丧失了精度，也就丧失了加工生产的意义，数控机床精度的保障很大一部分源于霍尔元件的检测精准性。

在数控机床上常用到的是霍尔接近开关，其中的霍尔元件是一种磁敏元件。当磁性物件移近霍尔开关时，开关检测面上的霍尔元件因产生霍尔效应而使开关内部电路状态发生变化，由此识别附近有磁性物体存在，进而控制开关的通或断。这种接近开关的检测对象必须是磁性物体。

用霍尔开关检测刀位时，霍尔元件的执行图如图 4-9 所示。首先，得到换刀信号，即换刀开关先接通。随后刀架电动机通过驱动放大器正转，刀架抬起，刀架电动机继续正转，刀架转过一个工位，霍尔元件检测是否为所需刀位，若是，则刀架电动机停转延时再反转刀架下降压紧；若不是，电动机继续正转，刀架继续转位直至所需刀位。

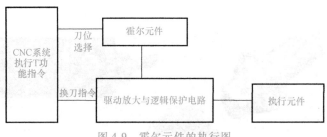

图 4-9　霍尔元件的执行图

【任务实施】

一、工具准备

准备好铜棒、螺钉旋具、锤子、套筒扳手、活扳手、内六角扳手等工具，如图 4-10 所示。

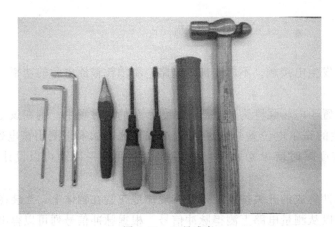

图 4-10　工具准备

二、回转刀架的安装

按表 4-3 进行回转刀架的安装，安装过程中注意选择合适的工具。

表 4-3　回转刀架的安装

步骤	说明	图　示	注意事项
1	清洗		安装前，用柴油清洗所有待安装的零部件

（续）

步骤	说明	图　示	注意事项
2	清洗并安装蜗杆		用柴油清洗轴承（角接触轴承）和蜗杆，再将轴承安装到蜗杆上（注意面和背的朝向）。安装轴承要涂润滑脂
3	安装联轴器和电动机座		将平键固定好，安装好联轴器，用内六角螺钉固定好电动机座
4	安装蜗杆轴承		用柴油清洗轴承并且涂上润滑脂，将另一个角接触轴承安装好，用铜棒敲紧，测量轴承与端盖间的间隙，选取合适的垫片
5	固定端盖		将端盖固定好
6	安装端面轴承		用柴油清洗干净端面轴承，涂上润滑脂，将其安装到蜗轮上

（续）

步骤	说明	图　示	注意事项
7	安装蜗轮		用柴油清洗干净蜗轮,涂上润滑脂,将其安装到刀架底座,与蜗杆配合
8	固定中心轴		选取合适的垫片,使用螺钉固定中心轴
9	连接信号线		将信号线穿过电动机座并穿过中心轴
10	安装电动机		将刀架电动机安装好
11	固定电动机罩		

（续）

步骤	说明	图　示	注意事项
12	安装丝杠		将丝杠安装到刀架底座上
13	安装刀架体及定位销		安装活动销、反靠定位销（注意安装的位置），将刀架体沿着丝杠旋转到底
14	安装离合盘、离合销		先安装好三个离合销，再将离合盘依据离合销的位置安装好
15	安装端面轴承		用柴油清洗干净端面轴承，涂上润滑脂，将固定盘按到底，安装端面轴承（注意轴承的正反）
16	安装止退垫圈		将平键安装好，再根据平键位置安装好止退垫圈

（续）

步骤	说明	图　示	注意事项
17	安装大螺母		将大螺母旋紧,并用螺钉固定好
18	安装霍尔元件		安装好霍尔元件,安装时注意对准凹槽
19	安装小螺母		将小螺母旋紧
20	安装磁钢定位盘		用螺钉将磁钢定位盘固定
21	安装刀架防护盖		

三、转塔式刀架的调试

1. 刀架不能起动

（1）机械方面

1）刀架预紧力过大。当用六角扳手插入蜗杆端部旋转时不易转动，而用力时可以转动，但下次夹紧后刀架仍不能起动。此种现象出现的原因是预紧力过大，可通过调小刀架电动机夹紧电流即可解决。

2）刀架内部机械卡死。当从蜗杆端部转动蜗杆时，沿顺时针方向转不动，其原因是机械卡死。首先，检查夹紧装置反靠定位销是否在反靠棘轮槽内，若在，则需将反靠棘轮与丝杠联接销孔回转一个角度重新打孔联接；其次，检查主轴螺母是否锁死，如螺母锁死，应重新调整；最后，由于润滑不良造成旋转件研死，此时应拆开，观察实际情况，加以润滑处理。

（2）电气方面

1）电源不通、电动机不转。检查熔体是否完好、电源开关是否良好接通、开关位置是否正确。当用万用表测量电容时，电压值是否在规定范围内，可通过更换熔断器、调整开关位置、使接通部位接触良好等相应措施来排除。除此以外，电源不通的原因还应考虑刀架与控制器之间有无断线、刀架内部有无断线、电刷式霍尔元件位置变化导致不能正常通断等情况。

2）电源通，刀架电动机反转，可确定为刀架电动机相序接反。通过检查线路、变换相序进行排除。

3）手动换刀正常、机控不换刀。此时应重点检查计算机与刀架控制器引线、计算机I/O接口及刀架到位回答信号。

2. 刀架连续运转、到位不停

由于刀架能够连续运转，所以机械方面出现故障的可能性较小，主要从电气方面检查。

检查刀架到位信号是否发出，若没有到位信号，则是发信盘故障。此时可检查发信盘弹性触头是否磨坏，发信盘地线是否断路或接触不良或漏接，是否需要更换弹性片触头或重修，针对其线路中的继电器接触情况、到位开关接触情况、线路连接情况相应地进行线路故障排除。

当仅出现某个刀位不能定位时，则一般是该刀位信号线断路所致。

3. 刀架越位过冲或转不到位

刀架越位过冲故障的机械原因可能性较大，主要是反靠装置不起作用。

检查反靠定位销是否灵活，弹簧是否疲劳。若是，应修复反靠定位销使其灵活或更换弹簧。

检查反靠棘轮与蜗杆联接是否断开，若断开，需更换联接销。若仍出现过冲现象，则可能是由于刀具太长或过重，此时应更换弹性模量稍大的定位销弹簧。

出现刀架运转不到位（有时中途位置突然停留），主要是由于发信盘触点与弹性片触头错位，即刀位信号胶木盘位置的固定偏移所致。此时，应重新调整发信盘与弹性片触头位置并固定牢靠。

4. 刀架不能正常夹紧

出现该故障时，可根据以下方法进行故障维修：

1）检查夹紧开关位置是否固定不当，并调整至正常位置。

2）用万用表检查其相应线路继电器是否能正常工作，触点接触是否可靠。若仍不能排除，则应考虑刀架内部机械配合是否松动。有时会出现由于内齿盘上有碎屑造成夹紧不牢而使定位不准，此时应调整其机械装配并清洁内齿盘。

【总结评价】

请根据表4-4总结评价内容对**任务实施及职业素养养成情况**进行综合评价。

表 4-4 总结评价内容

评价项目	内容	评价标准	学生评价		教师评价
			自评	互评	
任务实施	回转刀架的拆卸	正确进行回转刀架的拆卸			
	回转刀架的装配	正确进行回转刀架各零件的组装与调整			
	回转刀架试运行	每个刀位能正常锁紧，松开，转位			
职业素养	安全操作	规范穿戴工作服、工作帽，合理使用拆装工具			
	管理规范	任务实施过程中按照5S（整理、整顿、清洁、清扫、素养）管理规范执行，仪器、器件、工具摆放合理，任务完成后工位保持整洁			

【拓展练习】

1. 刀架定位精度不准确的原因是什么？

2. 刀架越位过冲或转不到位该如何处理？

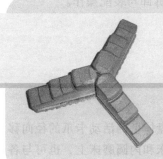

项目五

数控车床其他部件的装配与调试

数控车床的其他部件主要是指卡盘和尾座。卡盘是应用广泛的一种通用夹具，用于在机床上夹紧工件。它是一种利用均布在卡盘体上的活动卡爪的径向移动，将工件定位和夹紧的机床附件。

数控车床上尾座的作用是在加工轴类零件时，使用安装在其上的顶尖顶紧工件，保证加工的稳定性。尾座的运动包括尾座体的移动和尾座套筒的移动。尾座体的移动有两个作用：一个作用是在加工轴类零件时，将尾座调整到使用位置；另一个作用是在加工短轴和盘类零件时，将尾座调至非干涉位置。尾座套筒的移动可使顶尖顶紧或松开工件。

【设备介绍】

CK6136 型数控车床实习训练设备由数控车床电气系统、机械传动系统、数控系统、刀架、尾座等组成。设备配置刀架为四工位电动刀架，是目前数控车床的主流刀架类型。

【教学目标】

知识目标

（1）熟悉数控车床卡盘的基本结构与常见种类。

（2）掌握数控车床卡盘的拆卸过程和装配过程。

（3）掌握数控车床尾座的结构及动作过程。

（4）学会数控车床尾座的拆卸和装配。

（5）学会数控车床卡盘和尾座的日常维护与保养。

技能目标

（1）按照操作规范进行数控车床卡盘的拆卸与装配，拆卸零件应摆放整齐，安装零件时操作规范，整体达到技术要求。

（2）按照操作规范进行数控车床尾座的拆卸与装配，拆卸零件应摆放整齐。安装零件时操作规范，整体达到技术要求。

职业素养目标

（1）使用各种工具和量具进行操作时，操作过程要符合规范，同时注意人身安全、设备安全，牢固树立人身安全第一的观念。

（2）爱护工具、量具和设备。

（3）学会团队合作，组员各有分工，又相互合作，配合进行拆卸与装配操作。

任务一　　数控车床卡盘的装配与调试

【任务引入】

卡盘是机床上用来夹紧工件的机械装置。它是利用均布在卡盘体上的活动卡爪的径向移动，将工件定位和夹紧的机床附件。卡盘通常用在车床、外圆磨床和内圆磨床上，也可与各种分度装置配合，用在铣床和钻床上。

本任务的主要目标：认识数控车床卡盘的分类，重点掌握数控车床自定心卡盘的结构，能够按顺序正确进行卡盘的拆卸和安装，进而能够对其进行日常的维护与保养。

【知识链接】

一、卡盘的分类

一般数控车床用卡盘按驱动卡爪所用动力不同，分为手动卡盘和动力卡盘两种。

手动卡盘为通用附件，常用的有自定心卡盘和每个卡爪可以单独移动的单动卡盘。

动力卡盘多为自定心卡盘，配以不同的动力装置（气缸、液压缸或电动机），便可组成气动卡盘、液压卡盘或电动卡盘。

1. 自定心卡盘

自定心卡盘一般由卡盘体、活动卡爪和卡爪驱动机构三部分组成，卡盘体直径最小为 $\phi65\text{mm}$，最大可达 $\phi1500\text{mm}$，中央有通孔，以便通过工件或棒料；背部有圆柱形或短锥形结构，直接或通过法兰盘与机床主轴端部联接。自定心卡盘由小锥齿轮驱动大锥齿轮（大锥齿轮的背面有阿基米德螺旋槽，与三个卡爪相啮合）。用扳手转动小锥齿轮，便能使三个卡爪同时沿径向移动，实现自动定心和夹紧，适用于夹持圆形、正三角形或正六边形等的工件。自定心卡盘的结构和实物图如图 5-1 所示。自定心卡盘正爪夹持棒料如图 5-2 所示；反爪则用于夹持大棒料，如图 5-3 所示。

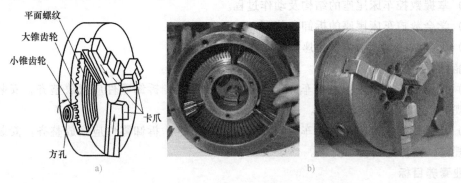

平面螺纹
大锥齿轮
小锥齿轮
卡爪
方孔

a)　　　　　　　　　　　　b)

图 5-1　自定心卡盘的结构与实物图

a）结构　b）实物图

图 5-2　正爪夹持棒料

图 5-3　反爪夹持大棒料

　　自定心卡盘的卡爪有 1、2、3 编号，安装卡爪时必须按 1、2、3 顺序装配。如果卡爪的编号不清晰，可将卡爪并排放在一起，如图 5-4 所示，比较每个卡爪上第一道螺纹与卡爪夹持部位距离的大小，距离最小的为 1 号卡爪，距离最大的为 3 号卡爪。图 5-5 所示为自定心卡盘的正卡爪；图 5-6 为自定心卡盘的反卡爪。

卡爪第一道螺纹　　　　　　　　　　工件夹持部位

3　　2　　1

图 5-4　卡爪的判别

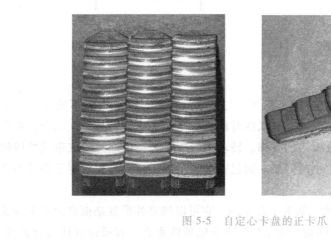

图 5-5　自定心卡盘的正卡爪

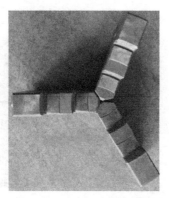

图 5-6 自定心卡盘的反卡爪

2. 单动卡盘

单动卡盘的每个卡爪底面有内螺纹与丝杠联接，用扳手转动各个丝杠便能分别使相连的卡爪做径向移动。单动卡盘适用于夹持四方形或不对称形状的工件。图 5-7 所示为单动卡盘的实物图，图 5-8 所示为单动卡盘的结构简图和装夹工件示意图。单动卡盘用于夹紧方形及异形的零件时，可以方便地调整中心。它的主要特点有以下几个方面：

卡爪

图 5-7 单动卡盘的实物图

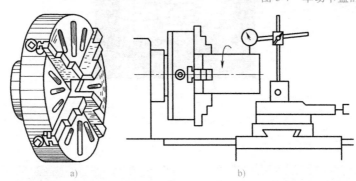

a)   b)

图 5-8 单动卡盘的结构简图和装夹工件示意图

a) 结构简图 b) 装夹工件示意图

1）单动卡盘有四个各自独立运动的卡爪 1、2、3 和 4（图 5-9），它们不能像自定心卡盘的卡爪那样同时一起做径向移动。四个卡爪的背面都有半圆弧形螺纹与丝杠啮合，在每个丝杠的顶端都有方孔，用来插卡盘扳手的方榫。转动卡盘扳手，便可通过丝杠带动相应的卡爪单独移动，以适应所夹持工件大小的需要。通过四个卡爪的相应配合，可将工件装夹在卡盘中。

2）单动卡盘的优点是夹紧力大，装夹工件牢固。它可以装夹外形复杂而自定心卡盘无法装夹的工件，还可以使工件的轴线移动，使之与车床主轴轴线重合。若通过杠杆百分表找正，可以达到很高的位置精度。其缺点是工件找正、装夹较麻烦，对操作工人的技术水平要求较高。

3）适用于单动卡盘装夹、车削的工件有以下几类。

① 外形复杂、非圆柱体零件、自定心卡盘无法装夹的工件，如车床的小滑板、方刀架等。

② 偏心类零件。单动卡盘适用于装夹加工数量少、偏心距小、长度较短的工件，如偏心轴、偏心套等。

③ 有孔距要求的零件。但这种零件的孔间距不能太大，否则单动卡盘不便夹紧。孔间距较大的零件一般在花盘上加工或选择其他类型的机床加工。

④ 位置精度及尺寸精度要求高的零件，如十字孔零件。

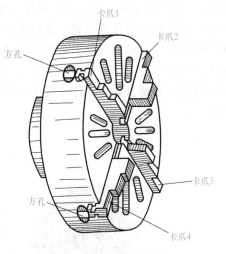

图 5-9　单动卡盘的调整

3. 液压卡盘

数控车床的液压动力卡盘主要由固定在主轴后端的液压缸和固定在主轴前端的卡盘两部分组成，其夹紧力大小可通过调整液压系统的压力进行控制，具有结构紧凑、动作灵敏、能实现较大夹紧力的特点。

图 5-10 所示为 MJ-50 型数控车床上采用的一种液压卡盘。卡盘体 9 用螺钉 10 固定安装在主轴前端，回转液压缸 1 固定在主轴后端。卡盘的松开过程是：回转液压缸 1 内的压力油推动活塞和空心拉杆向卡盘的方向移动，即图示向右移动，驱动滑套 4 向右移动，然后卡爪座 11 带着卡爪 12 沿径向移动，由于滑套上的楔形槽的导向作用，卡盘松开。反之，当活塞和拉杆向主轴后端移动时，即图示向左移动时，即可实现卡盘的夹紧。

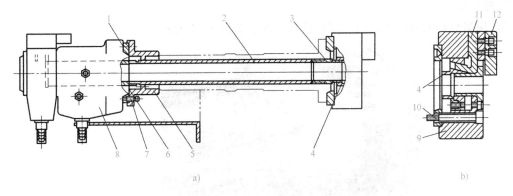

a)　　　　　　　　　　　　　　　　　　　　　　b)

图 5-10　MJ-50 型数控车床上采用的一种液压卡盘

a）液压卡盘位置示意图　b）卡盘内的楔形机构

1—回转液压缸　2—空心拉杆　3—连接套　4—滑套　5—接套　6—活塞

7、10—螺钉　8—回转液压缸箱体　9—卡盘体　11—卡爪座　12—卡爪

4. 楔形套式动力卡盘

楔形套式动力卡盘也是自定心卡盘的一种，配以不同的动力装置（气缸、液压缸或电

动机），便可以组成气动卡盘、液压卡盘或电动卡盘。气缸或液压缸装在机床主轴后端，用穿在主轴孔内的拉杆或拉管，推拉主轴前端卡盘体内的楔形套，由楔形套的轴向进退使三个卡爪同时径向移动。这种卡盘动作迅速，卡爪移动量小，适用于大批量生产。图 5-11 所示为 K55 系列楔形套式动力卡盘的实物图和结构示意图，卡盘配置梳齿坚硬卡爪和软爪各一副，适用于高速（转速小于或等于 4000r/min）全功能数控车床上进行各种棒料、盘类零件的加工。

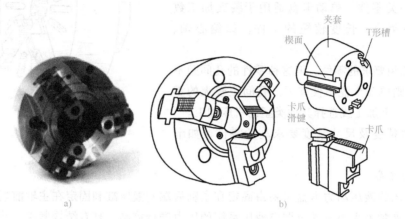

a)   b)

图 5-11 K55 系列楔形套式动力卡盘

a）实物图 b）结构示意图

二、卡盘的日常维护和保养

1）每班工作结束时，及时清扫卡盘上的切屑。

2）液压卡盘连续工作 6 个月后，其内部会积一些细屑，这易引起故障，应进行一次拆装，清理卡盘。

3）用润滑油润滑卡爪周围，每周进行一次，如图 5-12 所示。

图 5-12 卡盘的润滑

4）定期检查主轴上卡盘的夹紧情况，防止卡盘松动。

5）使用液压卡盘时，要经常观察液压夹紧力是否正常，液压力不足易导致卡盘失压或夹紧力不足，工作中禁止任意控制卡盘液压夹紧开关。

6）及时更换、卡紧液压缸密封元件，及时检查卡盘各摩擦副的滑动情况，及时检查电磁阀芯的工作可靠性。

7）装卸卡盘时，床面要垫木板，不准在开机情况下装卸卡盘，而应在停机后进行，不可借助于电动机的力量摘取卡盘。

8）及时更换液压油，若油液黏度太高，数控车床开机时，液压站会发出异常响声。

9）液压站电动机轴承要保持完好。

10）液压站输出油管不要堵塞，否则会产生液压冲击，发出异常噪声。

11）卡盘运转时，应使卡盘夹持一个工件，负载运转。禁止卡爪张开过大和空载运行。空载运行时容易使卡盘松动，致使卡爪飞出伤人。

12）液压卡盘液压缸的使用压力必须在许用范围内，不得任意提高。

13）及时紧固液压泵与液压站电动机联接处，及时紧固液压缸与卡盘间联接拉杆的调整螺母。

【任务实施】

一、工具准备

准备好螺钉旋具、套筒扳手、活扳手、内六角扳手、卡盘扳手、三爪卡盘的正反爪各一副等。图 5-13 所示为卡盘扳手和内六角扳手。

二、安装主轴端法兰

先安装主轴端的法兰，图 5-14 所示为主轴端法兰安装完毕。

图 5-13　卡盘扳手和内六角扳手　　　　图 5-14　主轴端法兰安装完毕

三、安装卡盘体

在床身上卡盘下面垫上木块，防止卡盘掉落砸伤床身。然后安装卡盘体到主轴上，所用工具有内六角扳手和卡盘扳手，双手配合来紧固内六角螺栓，如图 5-15a 所示。图 5-15b 所示为卡盘体实物图。

a)   b)

图 5-15 　安装卡盘体及卡盘体实物图

a）卡盘体的安装 　b）卡盘体实物图

四、正、反卡爪的安装及拆卸过程

1. 正卡爪的安装

在安装之前，应该仔细清洁卡盘和卡爪，然后将卡盘扳手的方榫插入卡盘体上的方孔中，按顺时针方向旋转，驱动大锥齿轮回转，当其背面的平面螺纹的螺头转到接近 1 号槽时，将 1 号卡爪插入卡盘体的 1 号槽内，如图 5-16a 所示；安装好 1 号卡爪后，继续沿顺时针方向旋转卡盘扳手，将 2 号卡爪插入卡盘体的 2 号槽内，如图 5-16b 所示；2 号卡爪安装好后，继续沿顺时针方向转动卡盘扳手，安装 3 号卡爪。安装三个卡爪时，应按顺时针方向

图 5-16 　卡爪的安装

a）安装 1 号卡爪 　b）安装 2 号卡爪

进行，在一圈之内三个卡爪全部装上，防止平面螺纹的螺纹头转过头。随着卡盘扳手的继续转动，三个卡爪同步沿径向向心移动，直至汇聚于卡盘的中心。

2. 正卡爪的拆卸

沿逆时针方向旋转卡盘扳手，三个卡爪则同步沿径向离心移动，直至退出卡盘体。卡爪退离卡盘体时要注意防止卡爪从卡盘体中跌落受损。

3. 反卡爪的安装与拆卸

因加工需要更换反卡爪时，可按同样的方法进行反卡爪的安装和拆卸。

【操作提示】

1）装卸卡盘前应切断电动机电源，关闭机床总电源。

2）安装三个卡爪时，应按顺时针方向进行，在一圈之内三个卡爪全部装上，防止平面螺纹转过位。

3）将卡盘扳手的方榫插入卡盘体的方孔中，按顺时针方向旋转可使卡爪沿径向向心移动，实现工件的夹紧；按逆时针方向旋转使卡爪沿径向离心移动，可卸下工件。卡盘扳手用后必须随即取下。

4）拆卸及安装自定心卡盘卡爪时应按编号有序进行，注意不要掉落。

【总结评价】

请根据表 5-1 总结评价内容对任务实施及职业素养养成情况进行综合评价。

表 5-1　总结评价内容

评价项目	内容	评价标准	学生评价		教师评价
			自评	互评	
任务实施	法兰盘的安装	正确安装法兰盘			
	卡盘体的安装	正确安装卡盘体			
	正卡爪的装配	正确安装三个正卡爪			
	正卡爪的拆卸	正确拆卸三个正卡爪			
	反卡爪的装配	正确安装三个反卡爪			
	反卡爪的拆卸	正确拆卸三个反卡爪			
职业素养	安全操作	规范穿戴工作服、工作帽,合理使用拆装工具			
	管理规范	任务实施过程中按照 5S(整理、整顿、清洁、清扫、素养)管理规范执行,仪器、器件、工具摆放合理,任务完成后工位保持整洁			

【拓展练习】

1. 如何判别三个卡爪的顺序？

2. 如何进行三个卡爪的正确安装和拆卸？

【任务引入】

尾座是车床上的重要部件之一，是车床上用于支承轴类零件以进行车削加工和实施钻孔的主要附件。在数控车床上加工轴类零件时，将顶尖安装在尾座上以顶紧工件，保证加工的稳定性。图 5-17 所示用一夹一顶的方式装夹工件，"一顶"就是用安装在尾座上的顶尖顶紧工件，工件另一端则用卡盘夹紧。

本任务的主要目标：认识并掌握常用数控车床尾座的结构、尾座的操作过程，能够正确进行尾座的拆卸和装配，能够进行日常的维护与保养。

图 5-17　用一夹一顶的方式装夹工件

【知识链接】

一、尾座的分类

数控车床上使用的尾座，按照驱动装置的不同可以分为两类：手动操作型尾座和液压驱动型尾座。图 5-18 所示为液压驱动型尾座，后面安装有进出油的油管，用来控制尾座套筒的移动。图 5-19 所示为通用型手动操作型尾座，尾座的运动包括尾座体的移动和尾座套筒的移动，尾座体的移动靠操作者的手推动，尾座套筒的移动主要是靠手摇动手轮，通过螺旋机构把旋转运动转化成套筒的直线伸缩运动。本任务中，主要是以手动操作型尾座为例来讲解的。

二、尾座的结构及动作分析

1. 手动操作型尾座的基本结构及动作分析

图 5-20 所示为手动操作型尾座的结构。顶尖外面安装有套筒，套筒外装有滑键，主要起导向作用，以利于套筒的伸出和缩进，套筒内装有梯形牙的螺母，与梯形牙的丝杠旋合。尾座后端安装有固定的法兰（用于定位丝杠），法兰内装有轴承。手轮上固定有手柄，用两

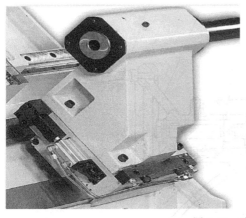

图 5-18　液压驱动型尾座

图 5-19　手动操作型尾座

个平垫圈和一个螺母固定在丝杠上。用手转动手轮上的手柄，带动丝杠转动，从而使套筒前后移动。

2. 液压驱动型尾座的基本结构及动作分析

图 5-21 所示为 MJ-50 型数控车床的尾座结构，尾座装在床身导轨上，可以根据工件的长短调整其位置，并用拉杆夹紧定位。尾座体 3 的移动由滑板带动，尾座体移动完成后，用手动控制的液压缸将其锁紧在床身上。顶尖 1 与尾座套筒 2 以锥面联接，尾座套筒可带动顶尖一起移动。在机床自动工作时，可通过加工程序由数控系统控制尾座套筒的移动。当数控系统发出尾座套筒伸出的指令后，液压电磁阀动作，压力油通过活塞杆 4 的内孔进入尾座套筒液压缸的左腔，推动尾座套筒伸出。当数控系统发出指令令其退回时，压力油进入尾座套筒液压缸的右腔，从而使尾座套筒退回。

尾座套筒移动的行程，由调整套筒外部连接的行程杆 9 上面的移动挡块 5 或通过行程开关来控制。如图 5-21 所示，当移动挡块的位置在右端极限位置时，套筒的行程最长。当套筒伸出到位时，行程杆上的移动挡块 5 压下确认开关 8，向数控系统发出尾座套筒到位信号。当套筒退回时，行程开关上的固定挡块 6 压下确认开关 7，向数控系统发出套筒退回的确认信号。

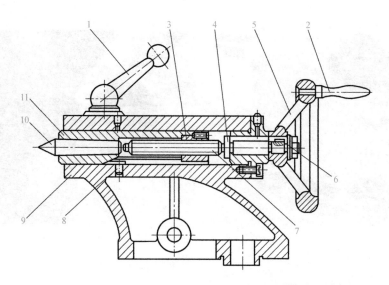

图 5-20 手动操作型尾座的结构

1、2—手柄 3—螺母 4—轴承 5—手轮 6—平键 7—丝杠

8—滑键 9—尾座体 10—顶尖 11—套筒

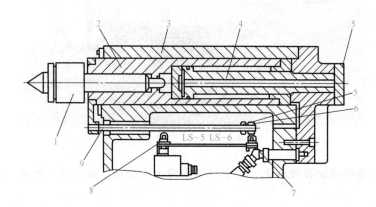

图 5-21 MJ-50 型数控车床的尾座结构

1—顶尖 2—尾座套筒 3—尾座体 4—活塞杆 5—移动挡块 6—固定挡块

7、8—确认开关 9—行程杆

////【任务实施】

一、工具和量具的准备

准备好铜棒、螺钉旋具、橡胶锤、杠杆百分表、套筒扳手、活扳手、内六角扳手等工具。图 5-22 所示为部分拆装工具。

二、尾座的拆卸与装配

1. 尾座的拆卸

尾座的主要拆卸步骤如下：

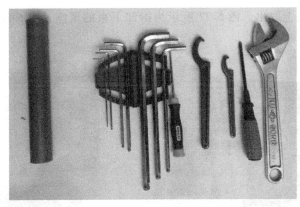

图 5-22 部分拆装工具

1）首先拆卸尾座上的锁紧螺母。图 5-23 所示为要拆卸的两个锁紧螺母。图 5-24 所示为拆卸下来的锁紧螺母。

图 5-23 要拆卸的两个锁紧螺母

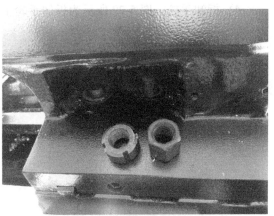

图 5-24 拆卸下来的锁紧螺母

2）拆卸尾座与导轨的联接螺母。图 5-25 所示为拆卸两个对顶螺母中的第一个螺母，图 5-26 所示为拆卸第二个螺母。

图 5-25 拆卸第一个螺母

图 5-26 拆卸第二个螺母

3）把尾座从导轨上取出。图 5-27 所示为拆卸下来的尾座，图 5-28 所示为拆卸下来的主要零件。

图 5-27　拆卸下来的尾座

图 5-28　拆卸下来的主要零件

4）拆卸手轮。图 5-29 所示为拆卸手轮上的螺母，图 5-30 所示为拆卸下来的手轮。

图 5-29　拆卸手轮上的螺母

图 5-30　拆卸下来的手轮

5）拆卸法兰。图 5-31 所示为拆卸位置，图 5-32 所示为拆卸下来的法兰。图 5-33 所示为法兰拆卸后剩下的部分，可以看到丝杠和螺母。

图 5-31　拆卸位置

图 5-32　拆卸下来的法兰

丝杠

螺母

图 5-33　法兰拆卸后剩下的部分

6）松开滑动套筒锁紧手柄后，推出滑动套筒，拆卸滑动套筒上的丝杠和螺母。如图5-34所示，拆卸完成后就可以拉出滑动套筒，图5-35所示为拆下来的丝杠、螺母及滑动套筒。

图 5-34　拆卸丝杠和螺母

图 5-35　拆下来的丝杠、螺母及滑动套筒

7）拆卸锁紧手柄及其上螺母。图 5-36 所示为拆卸下来的锁紧手柄和螺母。至此，尾座所有零件拆卸完毕，主要零件如图5-37 所示。

图 5-36　锁紧手柄和螺母

图 5-37　拆卸完成后的尾座主要零件

2. 尾座的装配

尾座零件拆卸完成后，将零件清洗干净，按照与拆卸相反的顺序装配。主要步骤如下：

1）以床身上的尾座导轨为基准进行安装，可以通过配刮尾座底板，使其达到精度要求。

2）将尾座部件装在床身上。安装时，将试配过的丝杠装上，盖上压盖并安装螺钉和销。套筒和尾座体配合良好，以手能推入为宜。

3）零件全部装好后，注入润滑油，运动部位的运动以感觉轻快自如为宜。

装配是否满足要求，要通过检测才能判断。检测包括检验与测量。几何量的检测是指确定零件的几何参数是否在规定的极限范围内，并做出合格性判断，不一定得出被检测量的具体数值。尾座精度不够，可先用百分表测出其偏差值，稍微放松尾座锁紧手柄，再放松底座锁紧螺母，然后利用尾座调整螺钉调整到所要求的尺寸和精度，最后再拧紧所有被旋松的零件，即完成尾座精度调整工作。

三、尾座的日常维护和保养

1）调整尾座精度。如果尾座精度不够，可按前述步骤进行调整。注意：机床精度检查时，按规定尾座套筒中心应略高于数控车床主轴中心。

2）定期润滑尾座。

3）定期检查并更换密封元件。

4）定期检查和紧固尾座上的螺母、螺钉等，以确保尾座的定位精度。

5）检查尾座套筒是否出现机械磨损。

6）主轴起动前，要仔细检查尾座是否锁紧。

7）注意尾座套筒及尾座与其所在导轨的清洁和润滑工作。

【操作提示】

1）看懂结构再动手拆卸，并按先外后里、先易后难、先下后上的顺序拆卸。

2）先拆紧固件、联接件、限位件。

3）拆卸前应看清组合件的方向、位置排列等，以免装配时搞错。

4）拆下的零件应有秩序地摆放整齐，做到分类归齐。

5）注意安全。拆卸时应注意防止尾座倾倒或掉下，拆下的零件应往桌案里边放或放置地上，以免掉下损坏。

6）拆装零件时，不准用锤子猛砸，当拆不下或装不上时不要生硬拆装，分析原因，搞清楚后再拆装。

【总结评价】

请根据表 5-2 总结评价内容对任务实施及职业素养养成情况进行综合评价。

表 5-2　总结评价内容

评价项目	内容	评价标准	学生评价		教师评价
			自评	互评	
任务实施	拆卸	正确拆卸尾座			
	装配	正确装配尾座各零件			
	调整	掌握尾座精度调整方法			
职业素养	安全操作	规范穿戴工作服、工作帽，合理使用拆装工具			
	管理规范	任务实施过程中按照 5S（整理、整顿、清洁、清扫、素养）管理规范执行，仪器、器件、工具摆放合理，任务完成后工位保持整洁			

【拓展练习】

1. 简述尾座的运动过程。

2. 请指出尾座上一些需加注润滑油的部位。

项目六

数控车床精度检验与调整

机床的精度是衡量机床性能的一项重要指标，精度检验是数控机床在安装完成后必经的检验过程。机床精度检验内容主要包括数控机床的几何精度检验、定位精度检验和加工精度检验等，对于不同类型的数控机床精度检验要求也不尽相同。数控机床种类繁多，因此，对不同的机床进行检验时需要有一个统一的标准和方法。以卧式数控车床为例，目前国内很多机床设备制造厂家参照的是 GB/T 25659.1—2010《简式数控卧式车床　第 1 部分：精度检验》。

本项目以卧式数控车床为例，包括数控车床几何精度检验和数控车床定位精度检验两个任务，主要介绍了卧式数控车床精度检验项目、检验方法，以及检验过程中工具、量具、仪器仪表的使用方法。

【设备介绍】

YL-569 型数控车床实训设备由数控车床电气控制柜、电气安装柜、数控车床本体、十字滑台等组成。其中数控车床本体是 YL-556B 型数控车床实训设备，具有与市场主流卧式数控车床相类似的结构。

【教学目标】

知识目标

（1）理解卧式数控车床精度检验标准。

（2）掌握数控车床的主要几何精度检验与调整方法。

（3）明确数控车床几何精度、定位精度、加工精度的关系。

（4）理解常用精度检验工具的工作原理。

（5）理解激光干涉仪的测量原理。

技能目标

（1）正确使用工具、检验量具，操作规范。

（2）根据国家标准，使用正确的方法进行数控车床精度检验。

（3）明确激光干涉仪精度检测的操作步骤及使用注意事项。

职业素养目标

（1）工具、检验量具使用过程中的操作符合规范。

（2）能对使用过的工具、检验量具进行维护和保养。

【任务引入】

数控车床的几何精度综合反映机床关键部件经组装完成后的几何误差。在几何精度检验过程中，还应注意测量方法及测量工具应用不当引起的误差。在检验时，应按国家标准规定，在机床通电后，待机床预热稳定后方可进行测量。

数控车床几何精度检验常用的工具有精密水平仪、精密方箱、平尺、检验棒（如顶尖检验棒、等径检验棒、端面检验棒、主轴检验棒）、指示表（如百分表、千分表）等。检验工具的精度必须比所测几何精度高一个等级。

【知识链接】

一、数控车床几何精度概念

机床的几何精度是指机床某些基础零件工作面的几何精度。它是指机床在不运动的情况下所测得的精度，也称为静态精度。几何精度检验必须在地基完全稳定、地脚螺栓处于压紧的状态下进行。考虑到地基可能随时间发生变化，一般要求机床使用半年后再复校一次几何精度。

机床的几何精度还取决于机床各主要零部件之间以及这些零部件运动轨迹之间的相对位置误差。机床的几何精度直接影响其加工精度。

二、常见数控车床几何精度检验项目

常见的数控车床几何精度检验项目主要有床身导轨精度、尾座套筒轴线对溜板移动的平行度、主轴端部跳动、主轴锥孔轴线的径向跳动等，见表 A-5。

三、常见几何精度的检验

1. 导轨直线度

检验工具：精密水平仪。

检验方法：在溜板上靠近前导轨处，纵向放置一个水平仪。等距离移动溜板检验。将水平仪的读数依次排列，画出导轨偏差曲线，曲线相对其两端点连线的最大坐标值就是导轨全长的直线度误差。

2. 溜板移动在 ZX 平面内的直线度

检验工具：杠杆千分表、顶尖、检验棒、内六角扳手。

检验方法：将磁性表座固定在溜板上，使杠杆千分表测头触及主轴和尾座顶尖间的检验棒表面，调整尾座，使杠杆千分表在检验棒两端的读数相等。移动溜板在全部行程上进行检测，读数的最大代数差就是直线度误差。

3. 主轴端部的跳动

检验工具：杠杆千分表、专用检具。

检验方法：使杠杆千分表测头触及测量表面：①插入主轴锥孔的检验棒端部的钢球上；②主轴轴肩支承面上（沿主轴轴线方向施加一个力 F，旋转主轴检测）。①、②两项误差分别计算，杠杆千分表读数的最大差值即为轴向窜动误差和主轴轴肩支承面的跳动误差。

4. 主轴锥孔轴线的径向跳动

检验工具：检验棒、杠杆千分表。

检验方法：将检验棒插入主轴锥孔内，固定磁性表座，使杠杆千分表测头触及检验棒表面：①靠近主轴端面；②距离主轴端面 L 处。旋转主轴检验。拔出检验棒，相对主轴旋转90°后，重新插入主轴锥孔，依次重复三次。①、②两项误差分别计算。四次测量结果的平均值就是径向跳动误差。

5. 主轴轴线对溜板移动的平行度

检验工具：检验棒、杠杆千分表。

检验方法：将检验棒插入主轴锥孔内，固定磁性表座，使杠杆千分表测头触及检验棒表面：①在 ZX 平面内；②在 YZ 平面内。移动溜板检测。将主轴旋转 180°，再用同样的方法测量一次。①、②两项误差分别计算，两次测量结果的代数和的一半就是平行度误差。

6. 顶尖的跳动

检验工具：顶尖、杠杆千分表。

检验方法：将顶尖插入主轴孔内，固定磁性表座，使杠杆千分表测头触及顶尖锥面，沿主轴轴线施加一个力 F，旋转主轴检验。杠杆千分表读数除以 $cos\alpha$（α 为锥体半角）后，就是顶尖跳动误差。

7. 尾座套筒轴线对溜板移动的平行度

检验工具：杠杆千分表。

检验方法：尾座顶尖套筒伸出量约为最大伸出长度的一半，并锁紧。固定磁性表座，使杠杆千分表测头触及尾座套筒的表面：①在 ZX 平面内；②在 YZ 平面内。移动溜板检测。①、②两项误差分别计算，杠杆千分表读数的最大差值就是平行度误差。

8. 主轴和尾座两顶尖的等高度

检验工具：杠杆千分表、顶尖、检验棒。

检验方法：在主轴和尾座顶尖之间装入检验棒，磁性表座固定于溜板上，杠杆千分表测头触及检验棒表面。移动溜板在检验棒两端检验。将检验棒旋转 180°再检验一次。两次测量结果的代数和的一半就是等高度误差。

【任务实施】

一、工具和量具的准备

准备好精密水平仪、检验棒（如顶尖检验棒、等径检验棒、端面检验棒、主轴检验棒等）、杠杆千分表、套筒扳手、活扳手、内六角扳手等工具和量具。图 6-1 所示为部分机床精度检验工具和量具。

二、数控车床的几何精度检验

以 YL-556B 型数控车床为例，进行数控车床的水平调整，并完成机床常规几何精度检

图 6-1　部分机床精度检验工具和量具

验。任务实施过程可参照表 6-1 数控车床几何精度检验操作步骤。

表 6-1　数控车床几何精度检验操作步骤

步骤	检验内容	操作图例		注意事项
1	机床水平调整	放置水平仪	调整地脚螺栓	1)两个精密水平仪垂直放置 2)擦净工作台和水平仪
2	主轴轴线对溜板移动的平行度	测量第①项误差值	测量第②项误差值	1)擦拭主轴孔和检验棒 2)测量一次后将主轴旋转 180° 继续测量,取两次误差平均值
3	顶尖的跳动			1)主轴旋转三圈以上取最大误差值 2)测头尽量触及顶尖
4	尾座套筒轴线对溜板移动的平行度	靠近尾座端	远离尾座端	1)尾座套筒处于退回状态并锁紧 2)套筒伸出距离为最大长度一半以上 3)重复三次,取最大误差值

（续）

步骤	检验内容	操作图例		注意事项
5	主轴锥孔轴线的径向跳动	旋转主轴测量误差	检验棒旋转90°	1）主轴旋转三圈以上，分别取靠近主轴端面和距离主轴端面 L 处误差值 2）拔出检验棒，旋转90°、180°、270°，重复三次，取四次测量结果的平均值
6	主轴和尾座两顶尖的等高度	测头触及检验棒上母线	调整尾座	1）测头触及检验棒上母线 2）使用内六角扳手调整尾座
7	主轴端部的跳动	主轴轴肩跳动	主轴定心轴颈跳动	1）主轴旋转三圈以上，取最大读数差值 2）杠杆千分表测头角度合适
8	溜板移动在 ZX 平面内的直线度	杠杆千分表测头触及检验棒ZX平面侧母线		1）擦拭主轴锥孔、尾座孔 2）一次测量结束后，检验棒旋转180°再测量

【操作提示】

1）使用量具检验前先擦拭干净，使用完后涂抹防锈油再合理保存。

2）若采用杠杆千分表，表头测量角度以 0°~30° 为宜，若采用钟式千分表，测头应垂直于被测表面。

3）在进行精度检验时，数控机床部件应低速运行，以保护量具的精度，且避免发生事故。

【总结评价】

请根据表 6-2 总结评价内容对任务实施及职业素养养成情况进行综合评价。

表 6-2　总结性评价内容

评价项目	内容	评价标准	学生评价		教师评价
			自评	互评	
任务实施	检测方法	1）检验方法符合国家标准 2）工具和量具使用符合规范			
	检测结果	1）检测结果符合机床出厂标准 2）指示表读数正确			
	调整方法	1）根据机床结构，正确进行调整 2）调整过程中不损坏机床			
职业素养	安全操作	1）工作服、工作帽穿戴规范 2）正确使用工具和量具			
	管理规范	1）仪器、器件、工具摆放整齐有序 2）任务完成后工位保持整洁			

【拓展练习】

1. 数控机床精度检验主要依据的国家标准有哪些？这些标准各用于哪些场合？
2. 数控机床的几何精度检验除本任务所列检验项目外，还有哪些项目？

任务二　数控车床定位精度检验

【任务引入】

数控车床的定位精度，是指机床运动部件在数控系统控制下所能达到的位置精度。该精度与数控车床的几何精度一样，会对机床加工精度产生重要的影响，如孔加工时的孔距误差、轮廓加工中的位置误差等。目前，常用的数控车床定位精度检验标准是 ISO 230-2 和GB/T 25659.1—2010。

一般简易数控车床以测量直线定位精度为主，所用到的检测工具有标准长度刻度尺、成组量块、千分尺、双频激光干涉仪等。标准长度测量以激光干涉仪的测量结果为准。本任务主要以激光干涉仪为例介绍数控车床定位精度的检验。

【知识链接】

一、激光干涉仪简介

激光干涉仪是利用激光的波长作为长度最小单位，对数控设备（数控车床、数控铣床、加工中心等）的位置精度等指标进行检测的精密测量仪器。激光干涉仪有单频激光干涉仪和双频激光干涉仪两种。

单频激光干涉仪的工作过程是：从激光器发出的光束，经扩束准直后由分光镜分为两路，并分别从固定反射镜和可动反射镜反射回来会合在分光镜上而产生干涉条纹。当可动反射镜移动时，干涉条纹的光强变化由接收器中的光电转换元件和电子线路等转换为电脉冲信号，经整形、放大后输入可逆计数器计算出总脉冲数，再由电子计算机算出可动反射镜的位移量 L。使用单频激光干涉仪时，要求周围大气处于稳定状态，各种空气湍流都会引起直流电平变化而影响测量结果。

双频激光干涉仪的工作过程是：在氦氖激光器上，加上一个约 0.03T 的轴向磁场。由于塞曼分裂效应和频率牵引效应，激光器产生 f_1 和 f_2 两个不同频率的左旋和右旋圆偏振光（频率为 1-2MHz）。双频激光干涉仪对由光强变化引起的直流电平变化不敏感，所以抗干扰能力强。

目前，用于数控机床精度检测的一般均为双频激光干涉仪。

1. 激光测量原理

激光测量原理是：把两束波长相同的光波重合在一起形成干涉，其合成结果因两个光波相位差不同而不同，因此可用该相位差来确定两个光波的光路误差变化。采用激光作为发光源主要基于其具有以下三个关键特性：波长精确已知，能实现精确测量；波长短，能实现精密测量和高分辨率测量；所有光波均为同相，能实现干涉条纹。

现在大多数激光干涉仪均使用氦氖激光管，这种激光管具有 633nm 的波长输出，其结构如图 6-2 所示。当高压电源连接在阳极和阴极之间时，混合气体被激发，形成激光光束。当激光光束在两个反射镜之间来回共振时激光光强被放大，一些光透射出阳极反射镜，成为输出光束。

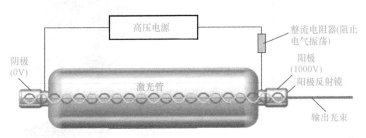

图 6-2　氦氖激光管的结构

2. 线性干涉原理

干涉镜分很多种，激光干涉仪一般用的是线性角锥反射镜系统。如图 6-3 所示，激光头发出的光被分光镜 A 分成两束：大约一半激光被射到固定角锥反射镜 B 上，形成参考光束；另一半激光射到移动角锥反射镜 C 上，形成测量光束。角锥反射镜将两束光反射回分光镜 A 上，光束叠加并彼此干涉，有两种情况：

1）相消干涉　一束光的峰值被另一束光的波谷抵消，产生暗条纹。

2）相长干涉　一束光的峰值被另一束光的波峰加强，产生明条纹。

3. 运动测量原理

如果测量光路长度改变（角锥反射镜移动），干涉光束的相对相位将改变。由此产生的相长干涉和相消干涉的循环将导致叠加光束强度的明暗周期变化。例如，角锥反射镜每移动 315nm，会造成 633nm 的光路长度变化，就会出现一个光强变化循环：明—暗—明。通过这些循环来测量移动，在这些循环之间进行相位细分，实现更高分辨率（1nm）的测量。

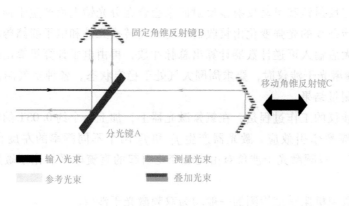

固定角锥反射镜B

移动角锥反射镜C

分光镜A

■ 输入光束　　　　■ 测量光束

参考光束　　　　■ 叠加光束

图 6-3　线性干涉原理

二、激光干涉仪介绍

激光干涉仪的硬件结构主要有镭射头、环境补偿系统、传感器、角度反射镜、角度分光镜、安装组件、三脚支架、垂直度检测镜等，见表 6-3。

表 6-3　激光干涉仪的主要硬件结构

序号	名　　称	图　　示
1	镭射头	
2	环境补偿系统	
3	传感器	
4	角度反射镜	

（续）

序号	名　称	图　示
5	角度分光镜	
6	安装组件	
7	三脚支架	平台配接器／高度调节曲柄／支脚伸长锁定／中心柱／支脚的角度锁定／防滑橡胶脚
8	垂直度检测镜	

【任务实施】

一、工具准备

准备好激光干涉仪，内装组件包含镭射头、环境补偿系统、传感器、安装组件、角度反射镜、角度分光镜、镭射头微调平台，笔记本式计算机一台（安装 Laser XL 软件）。

二、用激光干涉仪进行定位精度检验

本任务以数控车床其中一个轴为例，介绍用激光干涉仪进行直线定位精度检验的操作过程，具体见表 6-4。

表 6-4 用激光干涉仪进行直线定位精度检验的操作过程

序号	步　骤	测量简图	操作说明
1	测量前的准备工作		1）取出激光干涉仪三脚支架，调整三个支承杆伸出长度至适当，并锁紧 2）将激光干涉仪放置在三脚支架升降杆上并锁住。将激光干涉仪的可调位置均调整至中间位置 3）放置微型水平仪，可以通过调整三脚支架的三个支承脚，使水平仪气泡居中 4）将信号线连接到激光干涉仪、笔记本式计算机的电源插口上 5）检查电源电压是否正确，然后打开激光干涉仪的电源开关，对激光干涉仪进行预热
2	传感器连接		1）连接传感器。信号线一端连接工件传感器，另一端连接传感器信号处理站对应接口 2）工件传感器放置到工作台上，传感器信号处理站放置在电脑桌上的合适位置 3）取出激光干涉仪的空气传感器及信号线，连接激光干涉仪及传感器信号处理站对应接口 4）信号线一端插入传感器信号处理站对应接口，一端插入笔记本式计算机 USB 接口即可，观察传感器信号处理站灯是否正常
3	角度反射镜和分光镜安装		1）取出磁性表座，安装支承杆，将分光镜安装座安装到磁性座安装杆上 2）将分光镜位于镭射头与反射镜之间 3）注意分光镜上所画箭头，必须使两个箭头分别指向两个反射镜 4）调整进给轴，使分光镜与反射镜等高，移动使反射镜侧边与分光镜平行

（续）

序号	步骤	测量简图	操作说明
4	对光	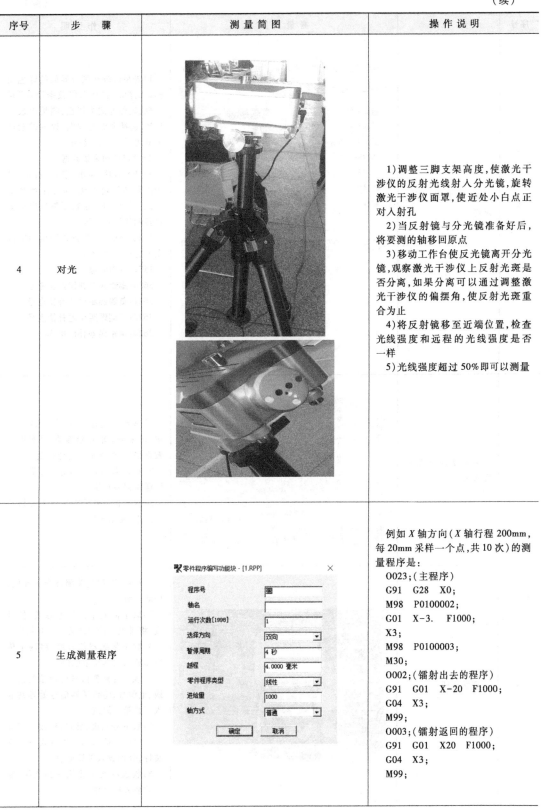	1）调整三脚支架高度，使激光干涉仪的反射光线射入分光镜，旋转激光干涉仪面罩，使近处小白点正对入射孔 2）当反射镜与分光镜准备好后，将要测的轴移回原点 3）移动工作台使反光镜离开分光镜，观察激光干涉仪上反射光斑是否分离，如果分离可以通过调整激光干涉仪的偏摆角，使反射光斑重合为止 4）将反射镜移至近端位置，检查光线强度和远程的光线强度是否一样 5）光线强度超过 50% 即可以测量
5	生成测量程序	**零件程序编写功能块 - [1.RPP]**　　× 程序号　　　圆 轴名 运行次数[1990]　　1 选择方向　　　双向 暂停周期　　　4 秒 越程　　　4.0000 毫米 零件程序类型　　　线性 进给量　　　1000 轴方式　　　普通 确定　　取消	例如 X 轴方向（X 轴行程 200mm，每 20mm 采样一个点，共 10 次）的测量程序是： O023;（主程序） G91　G28　X0; M98　P0100002; G01　X-3.　F1000; X3; M98　P0100003; M30; O0002;（镭射出去的程序） G91　G01　X-20　F1000; G04　X3; M99; O0003;（镭射返回的程序） G91　G01　X20　F1000; G04　X3; M99;

（续）

序号	步　骤	测量简图	操作说明
6	测量直线定位误差	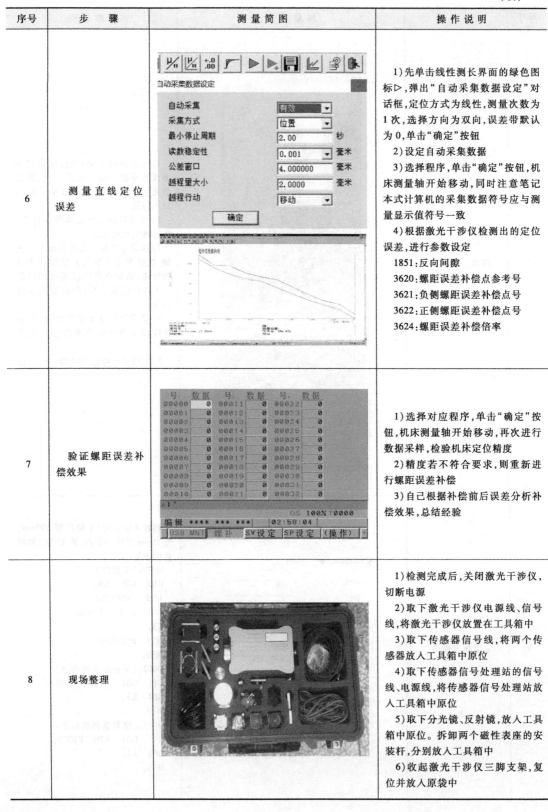	1）先单击线性测长界面的绿色图标▷，弹出"自动采集数据设定"对话框，定位方式为线性，测量次数为1次，选择方向为双向，误差带默认为0，单击"确定"按钮 2）设定自动采集数据 3）选择程序，单击"确定"按钮，机床测量轴开始移动，同时注意笔记本式计算机的采集数据符号应与测量显示值符号一致 4）根据激光干涉仪检测出的定位误差，进行参数设定 1851：反向间隙 3620：螺距误差补偿点参考号 3621：负侧螺距误差补偿点号 3622：正侧螺距误差补偿点号 3624：螺距误差补偿倍率
7	验证螺距误差补偿效果		1）选择对应程序，单击"确定"按钮，机床测量轴开始移动，再次进行数据采样，检验机床定位精度 2）精度若不符合要求，则重新进行螺距误差补偿 3）自己根据补偿前后误差分析补偿效果，总结经验
8	现场整理		1）检测完成后，关闭激光干涉仪，切断电源 2）取下激光干涉仪电源线、信号线，将激光干涉仪放置在工具箱中 3）取下传感器信号线，将两个传感器放入工具箱中原位 4）取下传感器信号处理站的信号线、电源线，将传感器信号处理站放入工具箱中原位 5）取下分光镜、反射镜，放入工具箱中原位。拆卸两个磁性表座的安装杆，分别放入工具箱中 6）收起激光干涉仪三脚支架，复位并放入原袋中

【操作提示】

1）为避免激光伤害眼睛，请勿直视激光头射出的光束，也不要使激光光束反射到眼睛。

2）架设或操作激光干涉仪时，闲杂人等避免靠近，以免碰倒电源线和信号线。

3）确认电压正确稳定，所使用电源应尽量独立。

【总结评价】

请根据表 6-5 总结评价内容对任务实施及职业素养养成情况进行综合评价。

表 6-5　总结评价内容

评价项目	内容	评价标准	学生评价		教师评价
			自评	互评	
任务实施	设备安装调试	1）激光干涉仪电源和信号线连接正确 2）传感器安装正确 3）分光镜、反射镜组件安装正确			
	检验方法	1）激光干涉仪对光正确 2）生成测试程序正确 3）数据采样正确			
	机床操作	1）机床基本操作正确 2）程序运行和调整正确 3）数控系统参数设置正确			
职业素养	安全操作	1）工作服、工作帽穿戴规范 2）安全操作激光干涉仪			
	管理规范	1）仪器、器件、工具摆放整齐有序 2）任务完成后工位保持整洁			

【拓展练习】

1. 激光干涉仪可用于哪些定位精度检测？除此之外还能实现哪些精度检测？

2. 如何对激光干涉仪进行维护与保养？

附 录

附录 A　　比赛试题典型任务分析

【样题分析】

数控机床机械部件装配及机床精度检测既是国家数控机床装调与维修工职业资格的考核要点，也是各类数控机床装调与维修项目技能比赛的核心工作任务。

以全国职业院校技能大赛数控车床装调与维修比赛项目为例，要求参赛队在4h内完成任务书规定的任务。任务书既包含具体工作任务操作试题，又包含相关理论知识试题，其目的在于检阅参赛选手对所学专业基础课及专业课的现场应用能力。现场工作任务包含数控车床的电气线路装配与测试、十字滑台功能部件的机械装配与调整、数控车床功能调试、数控车床故障诊断与排除、数控车床几何精度检测、零件的试切削、数控车床的维护与保养等内容。要求机床功能达到任务书预定要求、操作过程规范。各任务模块详细说明如下：

1) 数控车床的电气线路装配与调试。选手使用赛场提供的电气元件，按照电气原理图及装配图，完成数控车床电气控制线路的装配、连接与调试等典型工作任务。

2) 十字滑台功能部件的机械装配与调整。选手利用现场提供的工具、量具、检具，完成十字滑台功能部件的机械装配，并根据装配工艺要求，对功能部件相关几何精度进行检测与调整。

3) 数控车床功能调试。根据任务书的要求，完成典型数控车床的控制要求及数据备份等工作任务。

4) 数控车床故障诊断与排除。根据任务书要求，判断与排除数控车床的故障。

5) 零件的试切削。先对数控车床进行几何精度检测，然后根据任务书给出零件图样的要求，编写加工程序，进行试切削。

6) 数控机床的维护与保养。根据任务书给出的要求，依据机床使用说明书等技术资料进行机床的维护，在试切削前进行机床状态检查；在试切削完成后，进行机床的维护与保养。

全国职业院校技能大赛
数控车床装调与维修技术项目
任务书

注意事项：

1. 本赛题总分为 100 分，比赛时间为 4h。

2. 请首先按要求在答题纸密封处填写参赛证号码、场次、工位号等信息。

3. 请仔细阅读题目要求，完成比赛任务。

4. 不要在试卷上乱写乱画，不要在密封区填写无关内容。

5. 选手如果对试卷内容有疑问，应当先举手示意，等待裁判员前来处理。

6. 比赛需要的所有资料都以电子版的形式保存在所在工位计算机的桌面上。

7. 选手在比赛过程中应该遵守相关的规章制度和安全守则，如有违反，则按照相关规定在比赛的总成绩中扣除相应分值。

8. 比赛过程中需裁判员确认的部分，参赛选手须举手示意。

9. 选手在排除故障的过程中，如因为选手的原因造成设备出现新的故障，酌情扣分。但如果在比赛的时间内将故障排除，不予扣分。

10. 在裁判员确定机械、电气安全后方可进行精度检测，否则视为违规操作，裁判员有权取消其考试资格。

11. 比赛完成后所有文档按页码顺序一并上交，签名只能填写场次和工位。

12. 除表 A-1 中有说明外，不限制各任务的先后顺序。

表 A-1 任务表

序 号	名 称	说 明
1	职业素养和安全意识	涵盖全过程
2	任务一 电气线路装配与连接	
3	任务二 十字滑台装配	
4	任务三 故障排除和功能调试	
5	任务四 机床几何精度检测	
6	任务五 零件编程与加工	任务四完成后完成
7	任务六 数据备份	任务五完成或放弃后完成
8	任务七机床电气柜电气调试	任务三完成或放弃后完成
9	任务八数控车床维护与保养	任务七完成或放弃后完成

13. 选手严禁携带任何通信、存储设备，如有发现将取消其考试资格。

14. 比赛过程中遇到部分内容不能通过自行判断完成，导致比赛无法进行，60min 后可以向裁判员申请求助本参赛队指导教师指导 2 次，经裁判长批准后，参赛队在赛场指定地点接受 2 次指导教师指导，每次指导时间不超过 5min，求助指导所花费的时间计入比赛总时间之内。

说明：比赛试题中与本书内容相关的任务主要涉及任务二和任务四，以下为任务二和任务四的具体内容。

任务二　十字滑台装配

一、任务提示

1）根据十字滑台装配结构图，利用合适的工具和量具，采用正确的机械装配工艺，组装十字滑台单元，并测量、调整垂直度和平行度。

2）每个单项完成安装后，请先自检达到要求，然后填写表 A-2 装配项目记录一览表，选手和裁判员双方签字。

二、具体要求

1）十字滑台装置水平调整精度在 0.02mm/1000mm。

2）直线导轨的平行度调整在 0.08mm/280mm 以内。

3）垂直度调整在 0.05mm/280mm 以内。

4）X 轴滚珠丝杠与直线导轨上母线、侧母线的精度调整在 0.05mm/300mm 以内。

表 A-2　装配项目记录一览表

项　　目	工具和量具	操作过程确认
十字滑台组装准备		□完成　　　□放弃
十字滑台装置水平调整		□完成　　　□放弃 精度：_____
X 轴直线导轨安装		导轨安装 □完成　　　□放弃 基准导轨水平安装精度 □完成　　　□放弃 精度：_____ 基准导轨侧向安装精度 □完成　　　□放弃 精度：_____ 支承导轨水平安装精度 □完成　　　□放弃 精度：_____ 支承导轨侧向安装精度 □完成　　　□放弃 精度：_____
X 轴滚珠丝杠与直线导轨上母线、侧母线的精度调整		电动机座、轴承座安装 □完成　　　□放弃 电动机座、轴承座水平安装精度 □完成　　　□放弃 精度：_____ 电动机座、轴承座侧向安装精度 □完成　　　□放弃 精度：_____ X 轴装配完工检查、维护 □完成　　　□放弃
十字滑台 X 轴、Z 轴垂直度精度调整		□完成　　　□放弃 精度：_____

三、任务实施

1. 任务分析

十字滑台模块整体为高刚度的铸铁结构，采用树脂砂型铸造并经过时效处理，确保长期使用的精度，导轨采用直线导轨，安装直线导轨时采用与真实机床安装时相同的压块结构进行固定；轴承采用成对的角接触轴承；结构上采用模块化，下部装有滑轮，可以自由移动（图 A-1）。该项目主要考核学生对机械传动部件中的丝杠、直线导轨、丝杠支架等进行拆装技能及进行导轨平行度检测。直线度检测、双轴垂直度检测等技能。

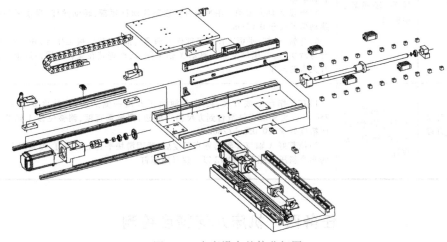

图 A-1 十字滑台整体分解图

2. 装配过程

十字滑台的装配过程见表 A-3。

表 A-3 十字滑台的装配过程

项 目	工具和量具	操作注意事项
十字滑台装配准备	磨石、汽油、木柄刷	1）使用磨石打磨导轨安装表面，去除导轨安装表面的毛刺 2）使用汽油清洗丝杠、轴承等部件以及导轨安装表面 3）将清洗后的零件水平放置，搁在软基面上，零件摆放没有碰撞现象，摆放整齐
十字滑台装置水平调整	条式水平仪、活扳手、平尺、地脚螺栓	1）用棉布将工作台面、水平仪擦拭干净，将 X 轴平台放在 Z 轴滑动块上，将水平仪垂直放置于工作台中间 2）正确使用水平仪的特性，检查水平仪零位误差 3）使用活扳手调整工作台支承和地脚螺栓，调整工作台在 X、Z 轴两个方向上的安装水平
X 轴直线导轨安装	平尺、内六角扳手、杠杆百分表、磁性表座、铜皮	1）安装 X 轴导轨基面，联接 Z 轴滑块与丝杠螺母并初步预紧。将 X 轴两根导轨、斜压块装在导轨安装基面上，用螺钉顺着一个方向或者从中间向两端依次进行预紧 2）取一根导轨的两个滑块，用以支承平尺 3）将磁性表座吸在滑块上，测量导轨等高直线度，测头触及平尺的上平面，依次调整拧紧直线导轨压块的螺钉，要求直线度误差≤0.08mm/280mm 4）用平尺测量导轨的侧母线直线度，将大理石平尺一侧两端归零，移动滑块，测量直线度，依次调整拧紧直线导轨压块的螺钉，要求直线度误差≤0.08mm/280mm 5）使用相同的方法安装另一根导轨，与第一根导轨装配不同的是，以第一根导轨为基准，磁性表座吸在滑块上，测头触及另一个导轨滑块的水平基准面，移动滑块，测量直线度，依次调整拧紧直线导轨压块的螺钉，要求直线度误差≤0.08mm/280mm 6）将磁性表座吸在滑块上，测头触及另一个导轨滑块的侧基准面，移动滑块，测量两根导轨侧面平行的平行度，依次调整拧紧直线导轨压块的螺钉，要求直线度误差≤0.08mm/280mm

（续）

项　目	工具和量具	操作注意事项
X 轴滚珠丝杠与直线导轨上母线、侧母线的精度调整	平头百分表、磁性表座、铜皮、内六角扳手、橡胶锤、卡簧钳、铜棒、活扳手、轴承座、检验棒	1）安装电动机座，给角接触轴承涂上润滑脂，把角接触轴承装入轴承座，注意电动机座轴承的安装方向，薄边外圈朝外，拧上压板螺钉，并初步预紧电动机座 2）丝杠穿入电动机座推到底，上隔套，上丝杠螺母，装轴承座，锁紧丝杠螺母，并初步预紧轴承座 3）磁性表座放于基准导轨滑块上，移动滑块，用平头百分表检测电动机座和丝杠上母线，调整使丝杠上母线与导轨的平行度误差≤0.05mm/300mm 4）磁性表座放于基准导轨滑块上，移动滑块，用平头百分表检测电动机座和丝杠侧母线，调整使丝杠侧母线与导轨的平行度误差≤0.05mm/300mm。紧固电动机座和轴承座 5）测量 X 轴向窜动。用平头百分表顶住丝杠尾部，转动丝杠，观察平头百分表，跳动值不大于 0.02mm 6）导轨、丝杠、平板工作台等部件上润滑机油，安装平板工作台，并用螺钉把工作台与滑块、丝杠螺母紧固。移动 X 轴工作台，检查其在全程范围内运动是否灵活，有无卡滞现象
十字滑台 X 轴、Z 轴垂直度调整	内六角扳手、方尺、磁性表座、百分表、橡皮锤	1）在工作台上放方尺，移动 Z 轴找正方尺一侧的两端，精度要求≤0.01mm/280mm。再移动 X 轴滑台到方尺另一侧边，测量垂直度，调整位移 X 轴的上底座，使精度要求≤0.05mm/280mm 2）调整好 X 轴与 Z 轴的垂直精度后，紧固滑块平台上的螺钉，再紧固上底座下部的两个斜压块螺钉 M4×12 以及螺母座螺钉

任务四　机床几何精度检测

一、任务提示

1）选手根据对 GB/T 16462.1—2007《数控车床和车削中心检验条件　第 1 部分：卧式机床几何精度检验》有关条文、方法的理解，进行表 A-3 中所列数控车床几何精度检测并将结果填写到表中。

2）每个单项完成后，请先自检达到要求，然后在表 A-4 中填写检测结果，选手和裁判员双方签字。

二、具体要求

根据精度检验单对各项精度进行检测与调整，并将调整后的最佳精度填写到表A-4中。

表 A-4　数控车床几何精度的检测

序号	检测项目	误差范围	结果	裁判员确认
1	床身导轨的直线度	纵向：≤0.01mm 横向：≤0.04mm		
2	尾座套筒轴线对溜板移动的平行度	每 300mm 测量长度上 在 YZ 平面上≤0.015mm 在 ZX 平面上≤0.01mm		
3	主轴定心轴颈的径向跳动	≤0.01mm		

三、任务实施

1. 任务分析

数控车床几何精度检测在生产型斜床身数控车床上进行。该机床采用斜床身结构，床身采用铸造成形，具备较大的承载截面，因此有良好的刚性和吸振性，可保证高精度切削加工，如图 A-2 所示。

图 A-2 生产型斜床身数控车床

2. 数控车床几何精度检测

参照 GB/T 25659.1—2010《简式数控卧式车床 第 1 部分：精度检验》进行数控车床几何精度检测，见表 A-5。

表 A-5 数控车床几何精度检测

序号	检 测 项 目	误 差 范 围	检 测 方 法
1	床身导轨精度	横向：≤0.01mm 纵向：≤0.04mm	1）检测工具为水平仪，正确进行水平仪零位校验 2）水平仪沿 Z 轴向放在溜板上，按直线度的角度测量法，沿导轨全长等距离各位置检验，不少于 3 点 3）记录水平仪读数，并用作图法计算出床身导轨在垂直平面内的直线度误差
2	尾座套筒轴线对溜板移动的平行度	每 300mm 测量长度上为：在 YZ 平面上，≤0.015mm；在 ZX 平面上，≤0.01mm	1）尾座套筒缩进后，按正常工作状态锁紧 2）将指示器固定在刀架上，使其测头触及尾座套筒上母线或侧母线，记录读数值 3）尾座套筒伸出有效长度后，按正常工作状态锁紧 4）移动刀架溜板，使指示器测头触及上次测量位置，两次测量差值即为尾座套筒轴线对溜板移动的平行度
3	主轴定心轴颈的径向跳动	≤0.01mm	将指示表安装在机床固定部件上，将指示器测头垂直于主轴定心轴颈锥面接触，旋转主轴，指示器读数最大差值即为主轴的轴向窜动和主轴轴肩支承面跳动

附录 B　简式数控卧式车床精度检验标准摘录

以下数控卧式车床精度检验项目摘自 GB/T 25659.1—2010，该标准规定了简式数控卧式车床几何精度、位置精度和工作精度的要求及检验方法。

1. 范围

本标准适用于床身上最大回转直径为 φ250~φ1250mm、最大工件长度至 8000mm 的简式数控卧式车床。

2. 定义

ZX 平面是指通过刀尖与主轴轴线所确定的平面，该平面对工件直径尺寸产生主要影响。

YZ 平面是指通过主轴轴线且与 ZX 平面垂直的平面，对工件直径尺寸产生次要影响。

3. 几何精度检验

常用几何精度检验项目见表 B-1。

表 B-1　常用几何精度检验项目　　　　　　（单位：mm）

序号	检验项目	简　图	公　差	检验工具	检验方法
1	导轨精度：a）纵向；b）横向	a)　　　b)	$D_a \leqslant 800$, $D_c \leqslant 500$： a) 0.01 （凸） b)0.04/ 1000	精密水平仪、自准直仪或其他光学仪器	1）将水平仪放置于溜板上 2）使溜板从导轨前段开始等距离移动 3）记录每点水平仪读数 4）计算直线度误差
2	尾座套筒轴线对溜板移动的平行度：a）在 YZ 平面；b）在 ZX 平面	a)　b)	$D_a \leqslant 800$： a)0.015 b)0.01	指示器	1）将指示器固定在溜板上，使其测头触及套筒表面，移动溜板进行测量 2）套筒伸出有效长度后，按正常工作状态锁紧
3	主轴和尾座两顶尖的等高度		$D_a \leqslant 800$： 0.04	指示器、顶尖、检验棒	1）刀架上固定表座，使指示器测头在垂直平面内触及检验棒 2）移动溜板在检验棒的两极限位置上检验，记录读数最大偏差值 3）将检验棒旋转 180°测量第 2 次，取平均值

（续）

序号	检验项目	简　图	公　差	检验工具	检验方法
4	溜板移动在 ZX 平面内的直线度		$D_a \leqslant 800$, $D_c \leqslant 500$: 0.015	指示器、顶尖、检验棒	1）刀架上固定表座，使指示器测头垂直触及检验棒 2）移动溜板在全部行程上检验，记录读数最大代数差为误差值 3）调整尾座螺钉，使直线度误差在允许范围内
5	主轴定心轴颈的径向跳动		$D_a \leqslant 800$: 0.01	指示器	1）固定表座于主轴，使指示器测头垂直触及被检测表面 2）沿主轴轴线施加一个力 F，旋转主轴检验
6	主轴端部的跳动：a）主轴轴向窜动；b）主轴轴肩支承面的跳动		$D_a \leqslant 800$: a）0.01 b）0.02	指示器和专用检具	1）固定指示器，使其测头触及：a）插入主轴锥孔的检验棒端部钢球上；b）主轴轴肩支承面上 2）沿主轴轴线施加一个力 F，旋转主轴进行检测，取最大误差值
7	主轴锥孔轴线的径向跳动：a）靠近主轴端部；b）距主轴端面 L 处		$D_a \leqslant 800$: a）0.01 b）在 $L=300\text{mm}$ 处为 0.02	指示器和检验棒	1）将检验棒插入主轴锥孔内，固定表座，使指示器测头触及检验棒表面 2）旋转主轴检验 3）拔出检验棒，相对主轴旋转 90°，重新插入主轴锥孔测量，依次重复三次 4）取四次测量结果的平均值
8	主轴轴线对溜板移动的平行度：a）在 YZ 平面内；b）在 ZX 平面内		$D_a \leqslant 800$，在 300mm 测量长度上为：a）0.02 b）0.015	检验棒和指示器	1）将检验棒插入主轴锥孔，固定表座，使指示器测头触及检验棒表面 2）移动溜板检验 3）主轴旋转 180°，再检验一次 4）取两次结果的平均值

（续）

序号	检验项目	简　图	公　差	检验工具	检验方法
9	顶尖的跳动	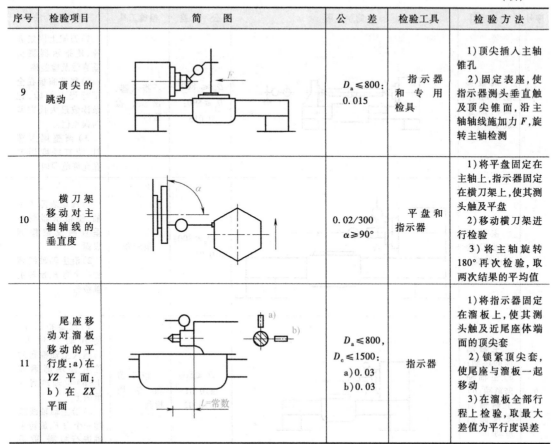	$D_a \leqslant 800$：0.015	指示器和专用检具	1)顶尖插入主轴锥孔 2)固定表座,使指示器测头垂直触及顶尖锥面,沿主轴轴线施加力F,旋转主轴检测
10	横刀架移动对主轴轴线的垂直度		0.02/300 $\alpha \geqslant 90°$	平盘和指示器	1)将平盘固定在主轴上,指示器固定在横刀架上,使其测头触及平盘 2)移动横刀架进行检验 3)将主轴旋转180°再次检验,取两次结果的平均值
11	尾座移动对溜板移动的平行度:a)在YZ平面;b)在ZX平面		$D_a \leqslant 800$,$D_c \leqslant 1500$：a)0.03 b)0.03	指示器	1)将指示器固定在溜板上,使其测头触及近尾座体端面的顶尖套 2)锁紧顶尖套,使尾座与溜板一起移动 3)在溜板全部行程上检验,取最大差值为平行度误差

注：1. D_a 表示床身上最大回转直径。
　　2. D_c 表示最大工件长度。

附录 C　　YL-5 系列数控机床机械类功能部件产品

YL-5 系列数控机床机械类功能部件产品见表 C-1。

表 C-1　YL-5 系列数控机床机械类功能部件产品

序号	型号	名称	功能描述	产品图片
1	YL-551DL	斗笠式刀库实训设备	该实训设备采用模块化设计,主要由刀库实训台、机械拆装实训台、电气控制实训台组成。刀库实训台是数控机床上的斗笠式刀库模块,集机械拆装检测、电气调试与维修保养于一体;机械拆装实训台能够进行斗笠式刀库拆装并了解其内部机械结构;电气控制实训台可以对安装好的斗笠式刀库进行运行验证	

（续）

序号	型号	名称	功能描述	产品图片
2	YL-551JS	机械手刀库实训设备	该实训设备包含 PLC 控制、电磁阀控制、机械安装等技术，主要用于对机械手刀库的安装、编程设计、故障诊断与维修等。包括刀库实训台、机械拆装实训台、电气控制实训台三部分	
3	YL-551JB	夹臂式刀库实训设备	该实训设备包含 PLC 控制、电磁阀控制、机械安装等技术，主要用于对夹臂式刀库的安装、编程设计、故障诊断与维修等。包括刀库实训台、机械拆装实训台、电气控制实训台三部分	
4	YL-551YY	液压系统实训设备	该实训设备由液压主轴与卡盘、液压尾座两大模块组成。液压尾座模块为数控机床上的液压尾座模块，可进行机械拆装、设备维修保养与电气调试等操作。液压主轴与卡盘模块为数控机床上的液压模块（包含液压卡盘、液压站），可进行机械拆装、设备维修保养与电气调试等操作	
5	YL-551JZ	加工中心主轴单元实训设备	该实训设备主要由主轴安装单元、机械拆装实训台、电气控制实训台组成。主轴安装单元是数控机床上的主轴模块，可进行加工中心主轴的机械拆装、维修保养与电气调试；机械拆装实训台能够进行加工中心主轴拆装，并可对主轴各部件间的精度进行检测，还可以通过安装主轴检具对主轴其他精度进行检测	
6	YL-551XD	斜床身电动刀架实训设备	该实训设备采用开放式设计，可在设备上模拟数控机床中的换刀过程。斜床身电动刀架实训设备分成机械拆装与电气调试两个模块，机械拆装模块能够进行六工位刀架的拆装，电气调试模块可对安装好的六工位刀架进行运行验证	

（续）

序号	型号	名称	功能描述	产品图片
7	YL-551PD	平床身电动刀架实训设备	该实训设备能实现数控机床上的四工位刀架模块的机械拆装与电气调试功能,机械拆装模块能够进行四工位刀架的拆装,电气调试部分能够对安装好的四工位刀架进行运行验证	
8	YL-551RH	润滑系统实训设备	该实训设备是数控机床上的润滑模块(包含润滑泵与润滑油路),集机械拆装模块和电气调试模块于一体,机械拆装模块能够进行润滑油路的拆装;电气调试模块能够为润滑泵提供电源,从而为整套润滑系统提供动力	
9	YL-552A	十字滑台实训设备	该实训设备提炼了真实机床在拆装过程中的核心技能,可进行传动部件拆装,例如,滚珠丝杠、直线导轨、联轴器、伺服电动机等的拆装,还可进行导轨平行度、直线度、双轴垂直度等精度检测	
10	YL-553	三坐标滑台实训设备	该实训设备采用可拆装的机械结构,可以完成数控机床机械传动部件中的丝杠、直线导轨、丝杠支架的拆装及导轨平行度、直线度、XY 垂直度及 Z 轴垂直度等精密机械检测	

（续）

序号	型号	名称	功能描述	产品图片
11	YL-555	加工中心机床实训设备	该实训设备是一台 X、Y、Z 三轴伺服控制立式加工中心，主轴为伺服电动机驱动。刀库类型为斗笠式(或选机械手式)，底座、滑座、工作台、立柱、主轴箱等基础件采用高刚性的铸铁结构	
12	YL-562	主轴拆装部件实训设备	该实训设备是具有代表性的精密主轴，主要是为解决数控机床主轴机械拆装项目的实训困难，以及方便讲解主轴结构而特别设计的。主轴全部零件均为精密加工，主轴轴承皆用高刚性、高速、高精度轴承	
13	YL-556	数控车床实训设备	该实训设备为半实物，采用真实的仪表车床结构，X、Z 轴由伺服电动机控制，主轴由变频器控制，并带有光电编码器，X、Z 轴滑板采用滚珠丝杠进行传动，刀架为四位电动刀架，可以进行铝材等工件的加工实训	
14	YL-556A	6132 数控车床实训设备(实物)	该实训设备采用真实的数控车床结构，X、Z 轴由伺服电动机控制，主轴由变频器控制，并带有光电编码器，X、Z 轴滑板采用滚珠丝杠进行传动，刀架为四位电动刀架，可以进行轴类、盘类、沟槽、任意锥面、球面及各类圆柱螺纹、圆锥螺纹工件的加工实训	
15	YL-556B	数控车床机械实训设备	该实训设备采用真实数控车床的所用机械部件，具有真实机床所具有的机械精度与刚性，导轨采用贴塑硬轨(也可以选择线轨)，丝杠采用 H 级滚珠丝杠，传动采用联轴器直连的方式。该设备可以完成全功能斜身车床或平床身车床的机械拆装与精度调试，主要包含数控车床主轴单元、进给单元、电动刀架等单元的机械拆装与精度检测	

（续）

序号	型号	名称	功能描述	产品图片
16	YL-557	数控铣床实训设备（半实物）	该实训设备为半实物，采用真实的仪表铣床结构，X、Y、Z 轴由伺服电动机控制，主轴由变频器控制，X、Y、Z 轴滑板采用滚珠丝杠进行传动，Z 轴需要配置带抱闸的电动机，可以进行铝材等工件的加工实训	
17	YL-557A	7130 数控铣床实训设备（实物）	该实训设备采用真实的数控铣床结构，X、Y、Z 轴由伺服电动机控制，主轴由变频器控制，X、Y、Z 轴滑板采用滚珠丝杠进行传动，Z 轴需要配置带制动的电动机。该设备可以进行各种盘类、板类、壳体、凸轮、模具等复杂零件的加工，可以完成钻、铣、镗、扩、铰等多种工序加工	
18	YL-557B	数控铣床机械实训设备	该实训设备采用真实立式数控铣床的所用机械部件，具有真实机床所具有的机械精度与刚性，导轨采用贴塑硬轨（也可以选择线轨），丝杠采用 H 级滚珠丝杠，传动采用联轴器直连的方式。该设备可以完成数控铣床各机械部件的机械拆装与精度调试，主要包含数控铣床主轴单元、进给单元、打刀缸等单元的机械拆装与精度检测	
19	YL-560	多轴机床实训设备	该实训设备把数控车床、数控铣床、龙门铣床、雕铣机等经过创新的机械设计组合而成，包含四个进给轴、两个主轴，控制系统可以选用五轴四联动的标准 CNC，也可以选用运动控制卡进行控制，适合自动化、数控、机电等专业的运动控制实训与 CNC 软件开发的课题设计	控制方案一：运动控制卡 控制方案二：标准工业 CNC

（续）

序号	型号	名称	功能描述	产品图片
20	YL-J002	数控机床维修仿真系统	该实训考核系统采用先进的计算机三维仿真技术对数控机床的装配、调试、测量、排除故障等过程进行模拟,操作人员可以反复在计算机上对 YL-559 型数控设备进行操作练习,软件的界面设计与真实的数控机床操作界面相同,包含参数设置、硬件连接、故障诊断等,是一个综合的软件仿真实训系统	
21	YL-SWS36A	四工位刀架装调仿真软件	该软件是一套仿真软件,能够对四工位刀架的机械结构进行拆装学习,训练在安装过程中正确地使用工具,并可训练安装工艺	
22	YL-SWS36B	六工位刀架装调仿真软件	该软件基于 YL-551XD 型斜床身电动刀架实训设备研发而成,是一套高度仿真软件,能够对六工位刀架的机械结构进行拆装,训练在安装过程中正确地使用工具,并可训练安装工艺	
23	YL-SWS36C	夹臂式刀库装调仿真软件	该仿真软件基于 YL-551JB 型夹臂式刀库实训设备研发而成,是一套高度仿真软件,能够对夹臂式刀库的机械结构进行拆装学习,训练在安装过程中正确地使用工具,并可训练安装工艺	
24	YL-SWS36D	斗笠式刀库装调仿真软件	该仿真软件基于 YL-551DL 型斗笠式刀库实训设备研发而成,是一套高度仿真软件,能够对斗笠式刀库的机械结构进行拆装学习,训练在安装过程中正确地使用工具,并训练安装工艺	

（续）

序号	型号	名称	功能描述	产品图片
25	YL-SWS36E	机械手刀库装调仿真软件	该仿真软件基于 YL-551JS 型机械手刀库实训设备研发而成，是一套高度仿真软件，能够对机械手刀库的机械结构进行拆装学习，训练在安装过程中正确地使用工具，并可训练安装工艺	
26	YL-SWS36F	液压尾座装调仿真软件	该仿真软件基于 YL-551YY 型液压系统实训设备研发而成，是一套高度仿真软件，能够对液压尾座的机械结构进行拆装学习，训练在安装过程中正确地使用工具，并可训练安装工艺	
27	YL-SWS36G	液压卡盘装调仿真软件	该仿真软件基于 YL-551YY 型液压系统实训设备研发而成，是一套高度仿真软件，能够对液压卡盘的机械结构进行拆装学习，训练在安装过程中正确地使用工具，同时可训练安装工艺	
28	YL-SWS36H	润滑系统装调仿真软件	该仿真软件基于 YL-551RH 型润滑系统实训设备研发而成，是一套高度仿真软件，能够对润滑系统进行组装拆卸学习，训练在安装过程中正确地使用工具，并可训练安装工艺	

（续）

序号	型号	名称	功能描述	产品图片
29	YL-SWS36I	主轴装调仿真软件	该仿真软件基于 YL-551JZ 型加工中心主轴单元实训设备研发而成,是一套高度仿真软件,能够对加工中心主轴的机械结构进行拆装学习,训练在安装过程中正确地使用工具,并可训练安装工艺	
30	YL-SWS43A	数控十字滑台装调仿真软件	该仿真软件基于亚龙 YL-552A 十字滑台实训设备开发而成,是一款集滑台拆卸、安装和精度调试于一体的多功能仿真软件,具有和真实设备一样的零部件和拆装工具,具有高度的真实性和可操作性	

参 考 文 献

[1]　牛志斌. 图解数控机床维修　从菜鸟到高手 ［M］. 北京：机械工业出版社，2015.

[2]　刘永久. 数控机床故障诊断与维修技术——（FANUC 系统）［M］. 2 版. 北京：机械工业出版社，2011.

[3]　刘双江. 数控机床机械装调维修工（技师 高级技师）［M］. 北京：中国劳动社会保障出版社，2012.

[4]　何四平. 数控机床装调与维修 ［M］. 北京：机械工业出版社，2016.

[5]　邵泽强. 数控机床装调维修技术综合实训 ［M］. 北京：机械工业出版社，2016.

[6]　韩鸿鸾. 数控车床结构与维修 ［M］. 北京：化学工业出版社，2016.

[7]　韩鸿鸾，王吉明. 数控机床装调与维修 ［M］. 北京：中国电力出版社，2015.

[8]　王桂莲. 数控机床装调维修技术与实训 ［M］. 北京：机械工业出版社，2015.

[9]　郑小年，杨克冲. 数控机床故障诊断与维修 ［M］. 武汉：华中科技大学出版社，2015.

[10]　人力资源和社会保障部教材办公室. 数控机床机械装调与维修 ［M］. 北京：中国劳动社会保障出版社，2012.

[11]　李金伴. 数控机床故障诊断与维修实用手册 ［M］. 北京：机械工业出版社，2013.

[12]　徐杨. 数控机床原理与维修实训 ［M］. 北京：电子工业出版社，2013.

[13]　胡旭兰. 数控机床机械系统及其故障诊断与维修 ［M］. 北京：中国劳动社会保障出版社，2008.

[14]　韩鸿鸾，数控加工工艺学 ［M］. 北京：中国劳动社会保障出版社，2005.

[15]　李业农. 数控机床及编程加工技术 ［M］. 北京：高等教育出版社，2009.

[16]　蒋洪平. 机床数控技术基本常识 ［M］. 北京：高等教育出版社，2009.

[17]　全国金属切削机床标准化技术委员会. 简式数控卧式车床　第 1 部分：精度检验：GB/T 25659.1—2010 ［S］. 北京：中国标准出版社，2010.

[18]　李玉兰. 数控机床几何精度检测 ［M］. 北京：机械工业出版社，2014.